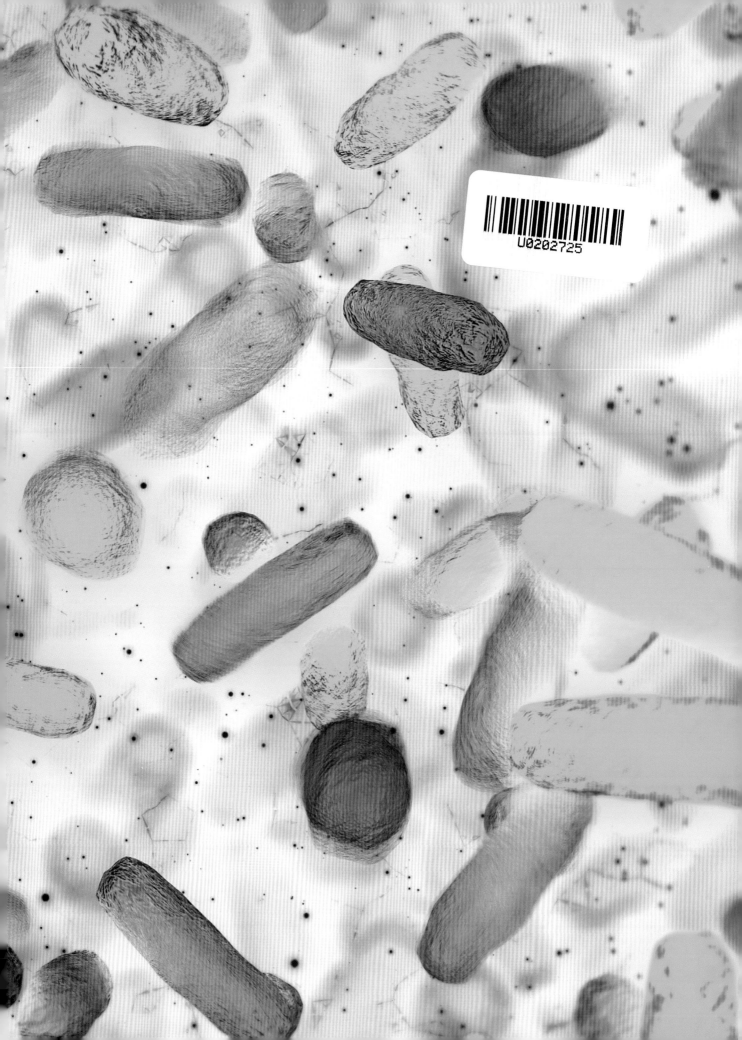

十万个为什么 100000 WHYS

细菌大秘密

少年科学馆

科学明航会 著

少年儿童出版社

作者简介

  科学明航会成立于 2011 年 4 月，目前是华东师范大学生命科学学院指导的一个学生社团。在学校及闵行区科委科协支持下，社团立足高校、辐射全市，培训科普创作人才、开展科普宣教活动、从事科普志愿服务工作。近年来，科学明航会成员已撰写发表科普文章百余篇，获上海市首批"推进公民科学素质示范项目"，作品《病菌如何从动物传染到人类》获"上海市健康科普优秀作品"图文类优秀奖，成果丰硕。

  本书由科学明航会指导教师、上海市优秀科普作家涂晴带领华东师范大学生命科学学院学生赵浩杰、徐悦、刘鸽、王书琴、董路遥、储竞仪、陈智豪、赖宇琴、管媛媛、吴明臻、李家雪、王文、李雪纯共同撰写。

图片来源

维基百科、视觉中国、Flickr

插　　图

翟苑祯

序

　　历经两年有余的"长跑"，"十万个为什么·少年科学馆"系列《细菌大秘密》一书终于付梓印刷，与读者朋友们见面了。选择在这个时候将细菌的秘密公布于众，具有别样的意义。

　　其一，当前人类与新冠肺炎病毒的较量仍如火如荼。人们触及以新冠肺炎病毒为代表的微生物家族"谈虎变色"，唯恐避之不及。那些看不见的细菌病毒都是有害的吗？脏脏的地方才有细菌吗？多喝热水能治病吗？细菌能赶尽杀绝吗？……有些是耳熟能详却违反常识的问题，有些是鲜为人知的秘密，有些是曾经"秘而不宣"的故事……当我们重新审视回答这些问题的时候，希望读者朋友们能和我们一起全面系统辩证地看待每一个问题，对在地球上生存了30多亿年的细菌心生敬畏，对在我们身上定居的数百万亿个细菌心存感激。

　　其二，本书的作者来自华东师范大学的一个学生科普爱好者社团——科学明航会。他们都是读着《十万个为什么》成长起来的95后乃至00后，从读书人到写书人、从研究者到传播者，选择"科研＋科普"道路的他们始终秉持"把科学普及放在与科技创新同等重要的位置"的初心，在科学传播的道路上不断攀高行远、追求卓越。如今科学明航会已成立十年，本书的出版既是对社团历届成员坚守初心的肯定，也是对社团十年磨一剑育人成果的展示。

　　回想本书撰稿的一年多历程：春寒料峭时我们讨论选题，夏蝉初鸣时我们搜罗资料，秋叶沙响时我们伏案疾书，冬日暖阳时我们三易其稿……其间，得益于师大恩师的指导勉励、感恩于出版社编辑的细致耐心，在此一并致谢！即便如此，书中难免存在不足，敬请读者朋友们批评指正。

　　"人类对生命的追问构成一切智慧的原点。"时至今日，包括本书23个问题在内的诸多科学问题可能无所谓对错、或尚无正解，我们以期抛砖引玉，激发大家叩开微观世界大门的兴趣，去探究这些和我们朝夕相处却又"看不见"的小伙伴的秘密。同时，我们坚信随着人类对大自然的认知、改造逐步加深，期待疫情过后下一个五年、十年，将细菌最新的秘密继续为您娓娓道来……

科学明航会

2022 年 11 月于华东师大樱桃河畔光华书院

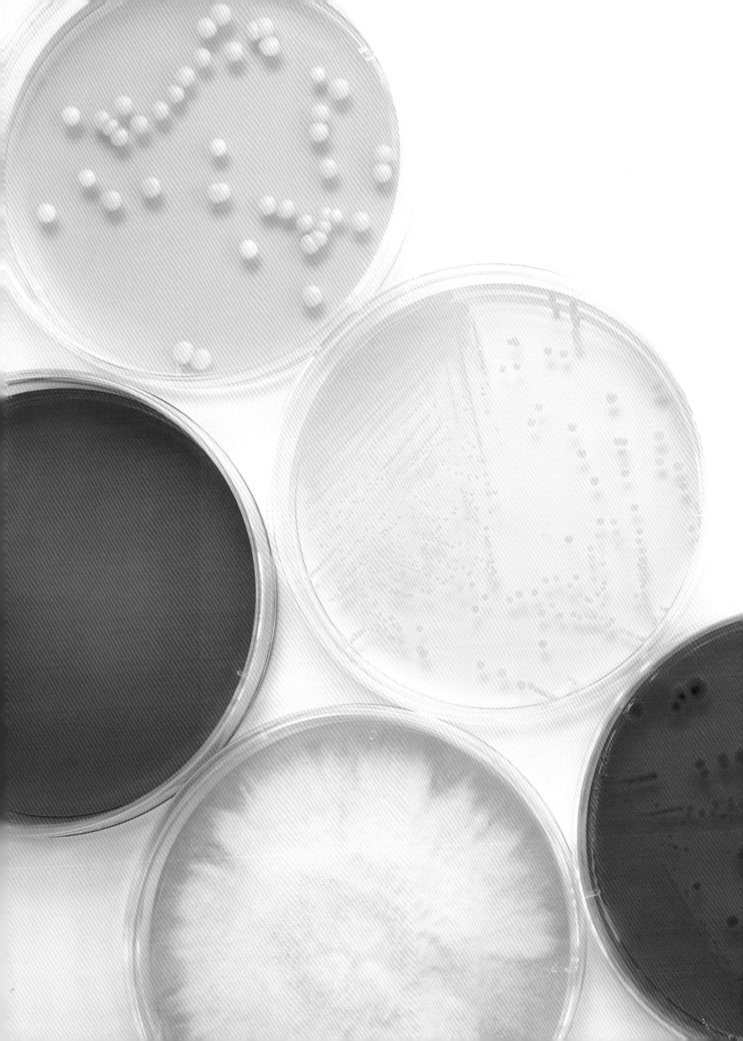

目　录

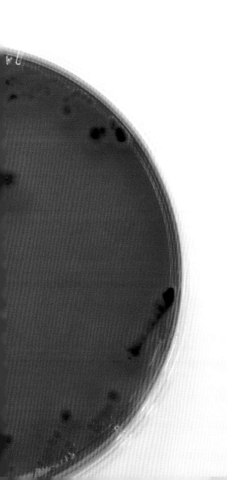

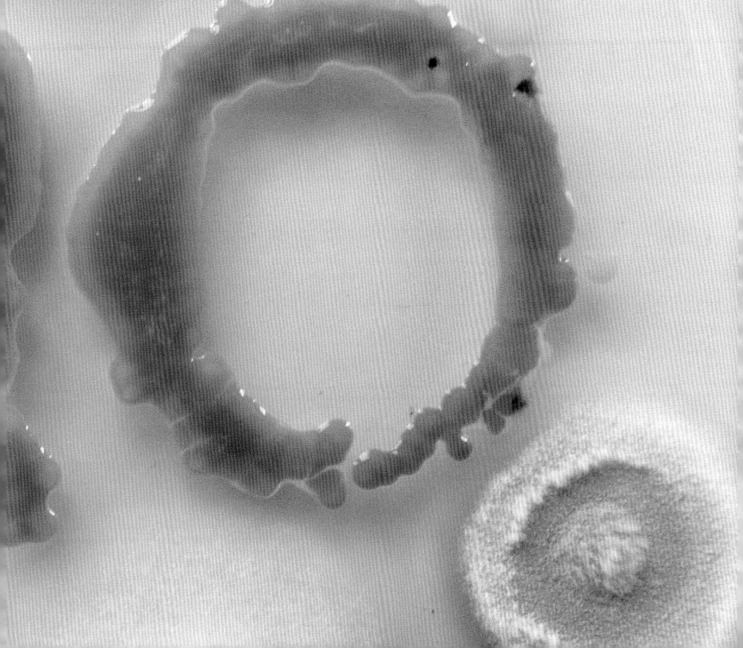

认识细菌

脏脏的地方才有细菌吗？

印象中，细菌通常"住"在肮脏不堪的地方，真是如此吗？这些看不见、摸不着的小家伙其实无处不在！在自然界，几乎每个角落都能找到它们的身影，土壤、水、空气、动植物体内，甚至还有我们意想不到的地方……跟我来，一起找找细菌的家都在哪些地方。

细菌"大本营"在哪里？

土壤就是自然界中细菌的"大本营"。在土壤中生存的细菌数量最多，种类纷繁。土壤中的动植物尸体为细菌的增殖提供了丰富的营养物质。细菌会将动植物尸体中的有机物"啃食"分解，排出二氧化碳、水和无机盐等物质；土壤的温度和酸碱度在一定范围内还有个缓冲区，能为细菌营造相对稳定的生活环境。不过，细菌在土壤中可不是光吃不干的，它们通过代谢活动把空气中植物无法直接利用的氮气转化成氮肥，从而改良土壤，供给植物必需的养料。

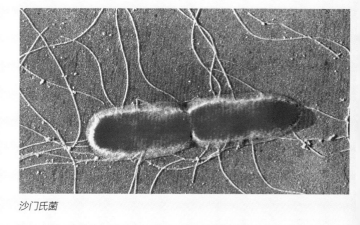

沙门氏菌

还有哪些犄角旮旯能找到细菌？

有些细菌具有潜水、滑翔等"特长"，河流、湖泊等水体和空气也能成为这些"特长菌"的集中营：有的生逢其"地"，直接生在水里，如芽孢杆菌能帮助水生生物消化吸收营养物质，还有净化水环境的作用；有的会随着动物肠道里的粪便来到水中定居，如引发细菌性痢疾的志贺氏菌、引发伤寒病的沙门氏杆菌和引起霍乱的霍乱弧菌等，它们是传播疾病的元凶；而那些擅长滑翔的细菌还会随空气到处飘浮。

当心！在人员密集、空气不流通的场所，细菌潜入我们人体的概率会大大增加。如果是危险的致病菌，那可不是闹着玩的！

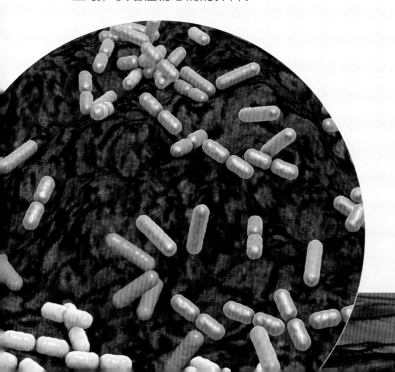

古细菌	大肠埃希菌
别　名：原细菌、古核细胞 **出没地点**：大多生活在极端的生态环境中，如高温、强酸、高压、强辐射等地 **特　点**：具有普通细菌所不具备的适应能力和特征，通常对其他生物无害	**别　名**：大肠杆菌 **出没地点**：主要栖居在人和动物的肠道里，也会随粪便来到空气和水体中 **特　点**：菌群数可用来判定水体被污染的程度

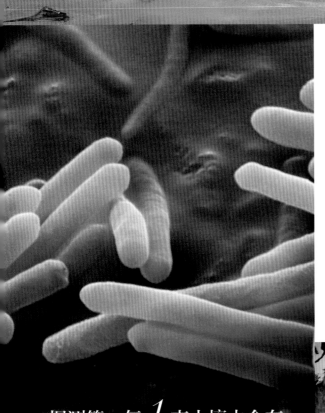

细菌能忍受多极端的环境？

　　还有一些细菌生来就不平庸，其生长环境就与众不同，如火山口、冰川边、盐滩上、沙漠中这样罕有生命生存的极端环境——这些细菌多为古细菌。这些特立独行的古细菌个个"身怀绝技"，在冶金、采矿、开采石油、环境保护等生产和科研领域都起到了重要的作用，深受工业、环境科学家的青睐。

　　我们点餐时会选择自己喜爱的餐馆，细菌选择的住所也与它们的"喜好"密切相关。细菌学家的工作就是深入了解它们的特点和分布，以更好地发挥其特长，为人所用。**（刘鸽）**

据测算，每 *1* 克土壤中含有几百万甚至几亿（ $10^8 \sim 10^9$ ）个土壤细菌，肥沃土壤中的含量更高。

美国黄石公园温泉的绚丽色彩就来自其中的嗜热古细菌

细菌到底长什么样?

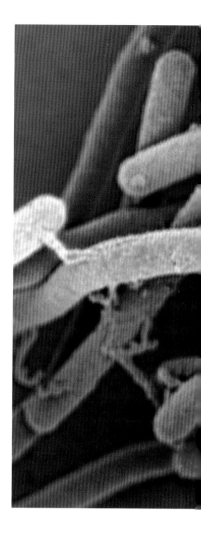

宠物狗选美大赛上,拉布拉多、贵宾犬、金毛、松狮、中华田园犬……不同狗狗的模样各不相同,一眼就能分辨出来。不同的细菌也有不同的模样,只是它们看不见、摸不着。不过,只要借助显微镜,你就能看到它们的模样。如果细菌也有选美大赛,你猜来参加的会有谁?

小胖墩"球菌"

唐朝人以"胖"为美,细菌界也有一群圆滚滚的小胖墩,称为球菌。

它们有的自立门户,独来独往,称为单球菌;有的手拉着手,出双入对,称为双球菌;还有的乖乖"坐"成一排,称为链球菌;更有呈"田字形"复杂排列的"四联球菌"、站队成立方体的"八叠球菌",以及像葡萄串似的不规则排列的"葡萄球菌"……

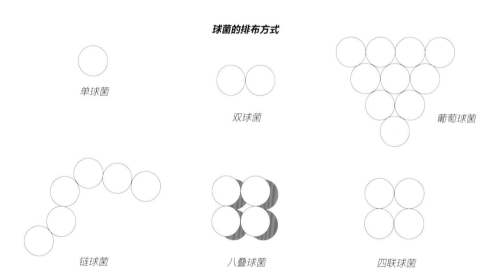

球菌的排布方式

单球菌

双球菌

葡萄球菌

链球菌

八叠球菌

四联球菌

S 形身材"螺旋菌"

前凸后翘的 S 形身材魅力四射。在细菌界,拥有这种火辣 S 形身材的要数螺旋菌。

它们有的呈弧状或者逗号形,别名弧菌——最著名的代表是引起霍乱病的霍乱弧菌;有的形似弹簧,正是螺旋菌得名的由来;还有的长得像一柄红酒开塞钻,称为螺旋体。

杆菌

弧菌

螺旋菌

螺旋体

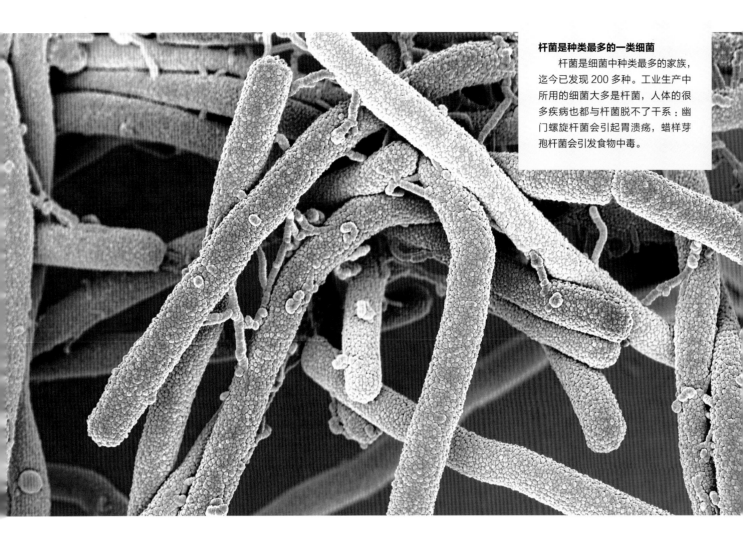

杆菌是种类最多的一类细菌

杆菌是细菌中种类最多的家族，迄今已发现 200 多种。工业生产中所用的细菌大多是杆菌，人体的很多疾病也都与杆菌脱不了干系：幽门螺旋杆菌会引起胃溃疡，蜡样芽孢杆菌会引发食物中毒。

瘦高个"杆菌"

杆菌就是字面意义上的直筒身材，呈杆状或圆柱状。不同的杆菌长短、粗细差别很大。短而粗的是短杆菌，如产氨短杆菌；长而细的是长杆菌，如乳酸杆菌；呈分枝状的是分枝杆菌，如双歧杆菌，等等。

细菌还有哪些形态？

除了球状、杆状、螺旋状的细菌，微生物学家还陆续发现过许多奇形怪状的细菌，如呈玫瑰花形排列的细菌、像五角星一样的星状细菌、方形或三角形的细菌、纺锤状的细菌……

细菌的长相为什么差别这么大？

细菌的长相和它们的生活习性息息相关。在水系统中检测到的细菌大都呈弯曲杆状，你知道这是为什么吗？

研究发现，弯曲杆状身材最有利于细菌"游泳"，能提升细菌在水中的灵活性。微生物学家经过对比发现，通过黏性流体时弯曲杆状的身形比螺旋形更高效，更加便于细菌寻找食物。因此，有些杆菌在水中迫于生存的压力，不得不"摧眉折腰"，弯下了笔直的"腰杆"。

说到这里，你也来大胆猜测一下球菌的身材是因何而来的吧——绝对不是吃多了的原因哦！（**王书琴**）

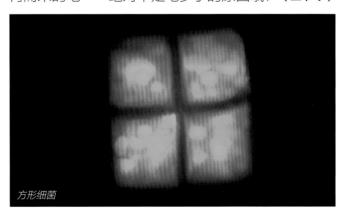
方形细菌

细菌的菜单上有什么?

俗话说,民以食为天。我们每个人都要吃饭,一日三餐顿顿少不了,吃不饱还会生病。细菌也有生命,同样需要摄入营养物质来供自身生长发育。那么,细菌究竟吃什么?

作为生命体,细菌需要的营养物质也和其他生命一样,包括碳源、氮源、矿物质和水等。细菌界中最受欢迎的大众菜,其实就是实验室里常见的培养基——那正是科学家为细菌精心准备的"豪华套餐",富含各类细菌生长繁殖所需的营养物质。

细菌菜谱

碳源:碳元素是组成生命体最基本的元素,蛋白质、脂肪、核酸等生物大分子都是以碳原子为原材料来搭建的。碳源还可以帮助细菌合成细胞壁"外套"。

氮源:玉米浆、蛋白胨、鱼粉等食物中富含氮源,是帮助细菌传宗接代(遗传物质)和强身健体(蛋白质)的重要原料。

矿物质:主要指铁、钠、钾、磷等大量元素和钼、铜、锰等微量元素。虽然细菌对矿物质的需求量远低于碳源和氮源,但是少了它们,细菌的正常生理代谢就会受到影响,失去活力。

生长因子:为了更好地生长,某些细菌还需要滋补保健品——生长因子的供给。生长因子是这些细菌生长所必须、但又无法自身合成的有机化合物。

水:万物生长都离不开水,细菌亦是如此。水能够溶解营养物质,参与细菌吃、喝、拉、撒等生理活动,并参与代谢过程中的所有生化反应。

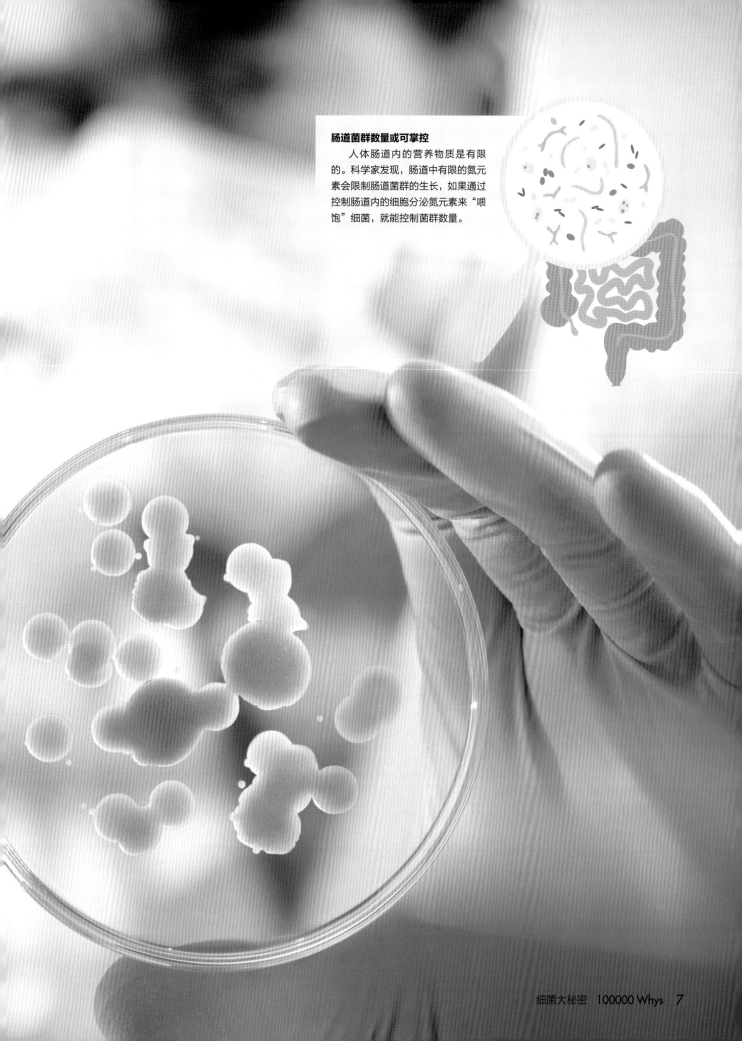

肠道菌群数量或可掌控

　　人体肠道内的营养物质是有限的。科学家发现，肠道中有限的氮元素会限制肠道菌群的生长，如果通过控制肠道内的细胞分泌氮元素来"喂饱"细菌，就能控制菌群数量。

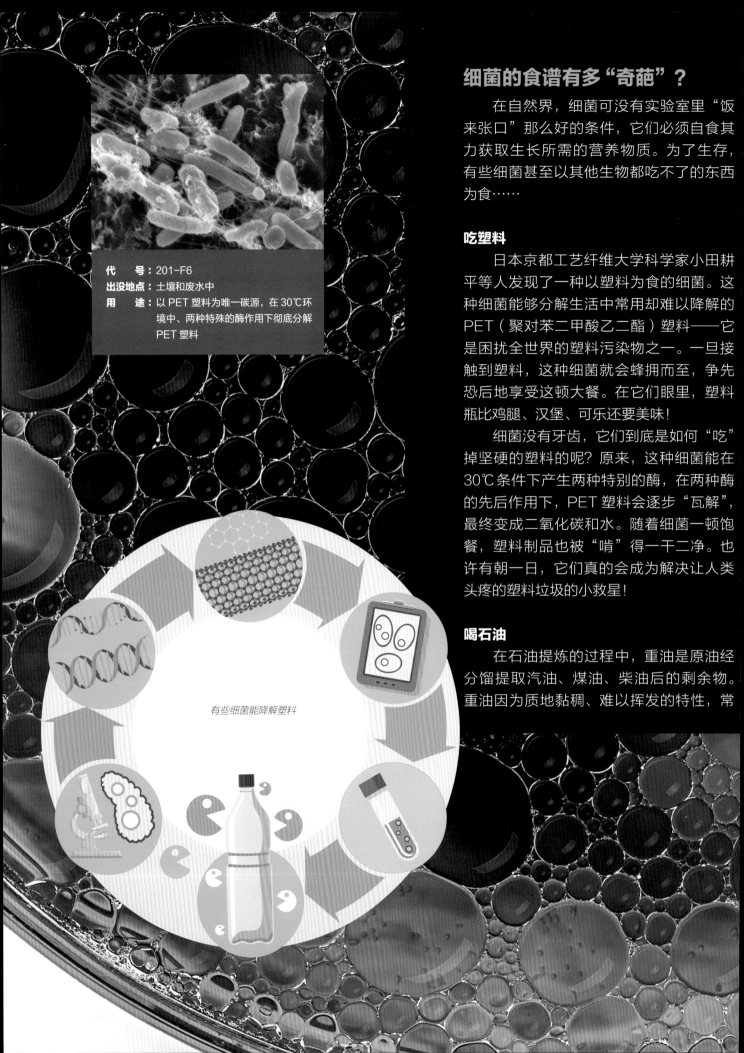

代　　号：201-F6
出没地点：土壤和废水中
用　　途：以 PET 塑料为唯一碳源，在 30℃环
　　　　　境中、两种特殊的酶作用下彻底分解
　　　　　PET 塑料

有些细菌能降解塑料

细菌的食谱有多"奇葩"？

在自然界，细菌可没有实验室里"饭来张口"那么好的条件，它们必须自食其力获取生长所需的营养物质。为了生存，有些细菌甚至以其他生物都吃不了的东西为食……

吃塑料

日本京都工艺纤维大学科学家小田耕平等人发现了一种以塑料为食的细菌。这种细菌能够分解生活中常用却难以降解的 PET（聚对苯二甲酸乙二酯）塑料——它是困扰全世界的塑料污染物之一。一旦接触到塑料，这种细菌就会蜂拥而至，争先恐后地享受这顿大餐。在它们眼里，塑料瓶比鸡腿、汉堡、可乐还要美味！

细菌没有牙齿，它们到底是如何"吃"掉坚硬的塑料的呢？原来，这种细菌能在 30℃ 条件下产生两种特别的酶，在两种酶的先后作用下，PET 塑料会逐步"瓦解"，最终变成二氧化碳和水。随着细菌一顿饱餐，塑料制品也被"啃"得一干二净。也许有朝一日，它们真的会成为解决让人类头疼的塑料垃圾的小救星！

喝石油

在石油提炼的过程中，重油是原油经分馏提取汽油、煤油、柴油后的剩余物。重油因为质地黏稠、难以挥发的特性，常常对环境造成长期污染。

在 20 世纪 90 年代，中国南开大学科学家王威等就曾在天津大港油田发现了一种爱喝石油的细菌"NG80-2"。它们能"喝"下重油并将其降解，既有助于石油开采，又处理了石油污染的问题，可谓一举两得。

"NG80-2"以原油为唯一食物，且能在较高温度（45℃～73℃）下生存。其体内特殊的酶能够将重油降解为小分子，整个过程就好比把一长串珍珠项链"切割"成若干小段。

嗜热脱氮土壤芽孢杆菌
代　　号：NG80-2
用　　途：以原油为唯一碳源，且能够适应油田污水治理的高温环境

还有什么是细菌不吃的吗？

无论是在奶缸子还是在醋坛子，到处都能见到贪吃的细菌。实际上，在自然界细菌种类多到难以想象，即使它们食性专一，想要找到细菌不吃的东西恐怕还真有难度。

只要我们注意观察和发现，巧妙利用细菌"挑食"的习性，就可以让它们为人类所用，解决环境污染等诸多悬而未决的难题。开动你的脑筋，想想未来还可以让细菌"吃"些什么？（董路遥）

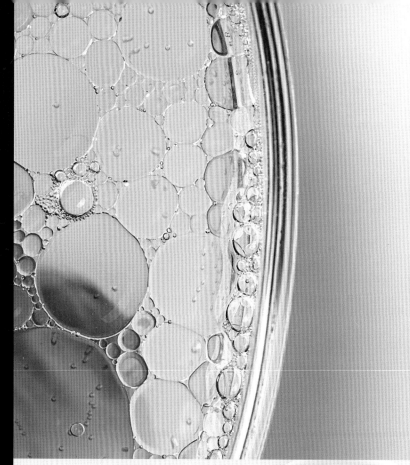

201-F6 菌喜欢"细嚼慢咽"，它们在 30℃下需要 6 周左右才能啃食完一块指甲大小的 *PET* 塑料。

细菌能"跑"多快?

如果食物不小心掉在了地上,你会怎么做? 是信奉"不干不净,吃了没病",继续把食物送进嘴里,还是会捡起来直接扔掉呢?

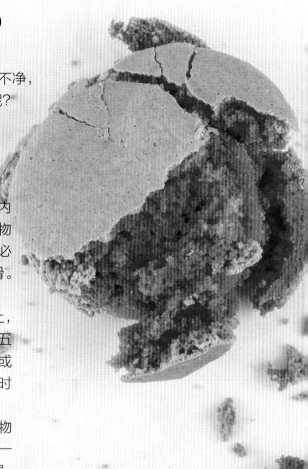

细菌几秒能"登陆"食物?

你大概听说过"五秒定律",大意是食物掉在地上五秒内被捡起来,仍然可以放心安全地食用。不过,五秒定律对食物种类、地面条件的限定恐怕就鲜有人知了。譬如,有说食物必须表面干燥且不容易附着其他东西,地面也要是较干净光滑。可满足了这些要求,"五秒定律"就靠谱了吗?

细菌虽然没有腿也没有脚,好像不太可能一秒扑到食物上,但也别把它们当成行动迟缓的蜗牛,它们可不会无聊到倒数五个数才跑到食物上去……研究发现,即使是食物的干湿状态或环境的洁净度完全符合"五秒定律"的要求,食物接触地面时细菌依然会借助水或空气即刻"登陆"食物。

不过,食物染上致病菌的数量和几率确实和地面以及食物的湿度与清洁度有关。比如水分较多的食物(如一瓣橘子或一片西瓜),沾染的细菌会相对较多;若食物水分少、表面干燥,如薯片或饼干等,盯上它的细菌就相对较少。

都别碰那片薯片!
1……2……3……

太晚啦!

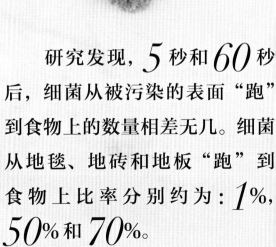

研究发现,*5*秒和*60*秒后,细菌从被污染的表面"跑"到食物上的数量相差无几。细菌从地毯、地砖和地板"跑"到食物上比率分别约为:*1%*,*50%*和*70%*。

"病从口入"有多快？

沙门氏菌是一种会引起食物中毒的细菌。人一旦吃下被它们"污染"的食物，体内就开始了一场特殊的"赛跑"。你猜，沙门氏菌与人体内的免疫细胞谁能获胜？

当搭着食物"便车"进入人体的沙门氏菌为数不多时，消化液能在它们冲向终点前将它们摧毁。但当体内的沙门氏菌形成了一定的规模，它们会随着食物一路冲刺，前赴后继直达终点——肠道。在那里，沙门氏菌就能黏附在肠道的上皮细胞上，释放毒素，致人生病。

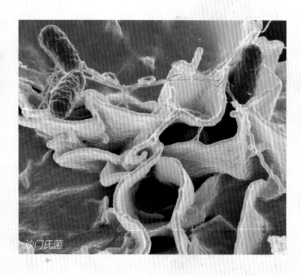
沙门氏菌

沙门氏菌最短 2 小时就能跑过人体免疫细胞，赢得消化道"马拉松"，让人体产生发热、恶心、呕吐、腹泻及腹部绞痛等症状。即使"跑"得慢的沙门氏菌也会在 72 小时内抵达"终点"，引起消化道炎症。

所以，别再听信什么"五秒定律"啦！掉在地上的食物沾染细菌是即刻发生、不可避免的，即使事后用水冲、用嘴吹、用手拍也完全无济于事。正所谓"病从口入"，谨慎起见，不管掉的是什么食物，不管它掉在了哪儿，也不管食物掉落多久，都不要再捡起来吃了，乖乖把它扔进垃圾桶吧！（**赵浩杰**）

沙门氏菌引起的症状

恶心

呕吐

发热

腹痛

肌肉关节疼痛

腹泻

细菌最怕什么？

细菌拥有耐受极端环境、分解顽固物质的"超能力"，它们有怕的东西吗？答案是肯定的。在现代医学中，阿莫西林、头孢拉定、头孢克洛等耳熟能详的常见药都有一个共同的名字——抗生素，抗生素正是细菌的"克星"。

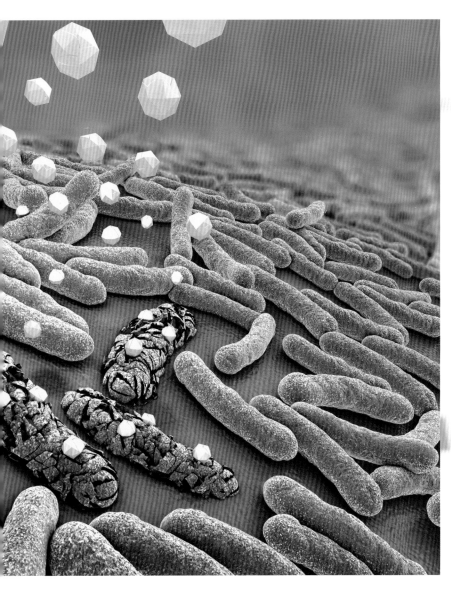

抗生素是怎么被发现的？

1928 年，好不容易盼到暑假的伦敦大学医学院细菌学者弗莱明丢下实验台上杂乱无章的器皿，兴冲冲地跑去海滨享受了他科研生涯的首次度假。

9 月初，当他回到实验室的时候，眼前的一幕使他震惊了——自己培养的细菌"发霉"了！换做是别人，恐怕就把长了霉菌的培养皿一扔了之，可弗莱明却饶有兴致地拿着培养皿仔细端详起来。对着亮光，他注意到一个奇特的现象：在青绿色霉菌的四周，原本生长旺盛的葡萄球菌却不见了！经过多次实验，弗莱明发现并证实了葡萄球菌的克星，正是来自青霉菌分泌的一种抗生素——青霉素。1945 年，他凭该发现获得诺贝尔生理学或医学奖。

发现青霉素的细菌学家亚历山大·弗莱明
（Alexanda Fleming，1881—1955）

抗生素会攻击人类细胞吗？

在细菌的细胞膜外，有一层薄薄的肽聚糖层（一种细胞壁）。这层由糖与氨基酸组成的大分子像是给细菌额外披上了件"外套"。一些抗生素的作用机理就是抑制细菌细胞壁的合成，阻止细菌"穿"上这件外套，进而导致细菌细胞破裂死亡。而包括人类在内的动物细胞外没有肽聚糖层，因此抗生素不会对人体细胞造成伤害。

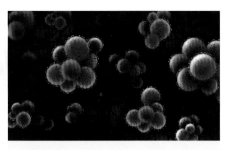

葡萄球菌

特　点： 葡萄球菌属的细菌，因常聚集成葡萄状而得此名，它们大多数为非致病菌，少数可致病

危　害： 变质的肉类和乳制品中有许多葡萄球菌，它们分泌的肠毒素会引起食物中毒

抗生素是如何对付细菌的？

　　除了青霉素，不少微生物或高等动植物生命活动中的代谢产物也具有干扰或者抑制细菌生长的作用。比如，链霉素是放线菌的代谢产物，后来人们发现它是结核杆菌的天敌。在人类与细菌的战争中，抗生素发挥了难以替代的作用。

　　不同种类的抗生素通过不同的方式歼灭细菌：有的抑制细菌的城墙——细胞壁的合成，使细菌失去保护层，如青霉素类；有的破坏细菌的皮肤——细胞膜，使细菌与环境之间失去屏障阻隔，细菌体内的物质外漏；有的干扰细菌蛋白质的合成，让细菌内部各个器官"罢工"，如氯霉素类；还有的能在细菌分裂时干扰细菌遗传物质的复制，使其"断子绝孙"……可谓八仙过海，各显神通！**（储竞仪）**

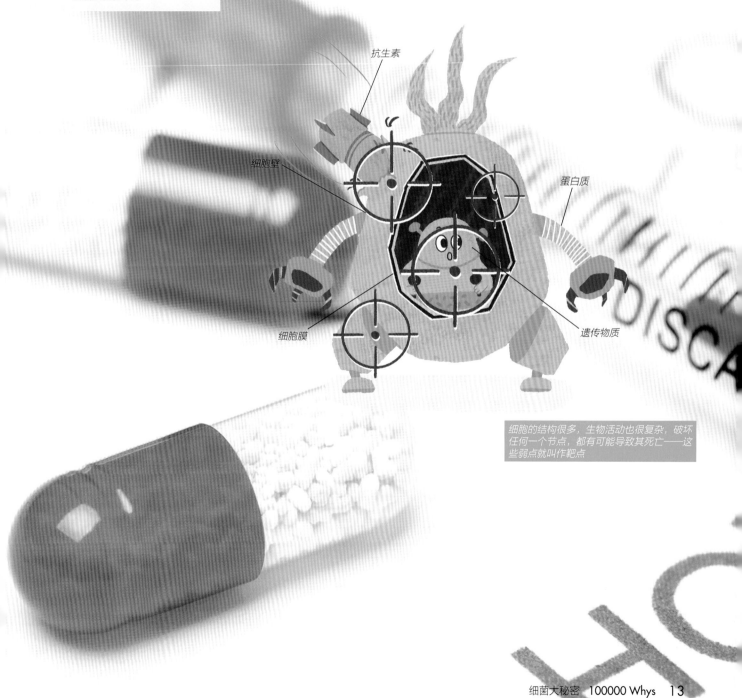

抗生素

细胞壁

蛋白质

细胞膜

遗传物质

细胞的结构很多，生物活动也很复杂，破坏任何一个节点，都有可能导致其死亡——这些弱点就叫作靶点

细菌和病毒一样吗？

说起病毒，你一定不会感到陌生：狂犬病毒、禽流感病毒、SARS病毒、新型冠状病毒……细菌和病毒都是肉眼看不见的微生物，但它们是完全不同的两类。

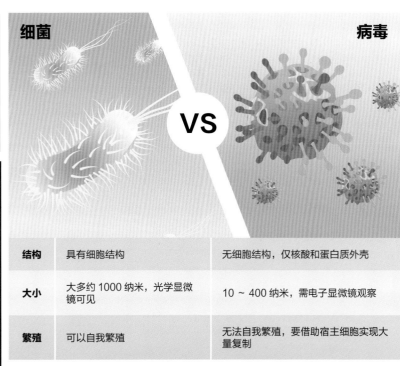

细菌 VS **病毒**

冷知识

2022年6月，科学家在腐烂的红树林叶片上发现了一种华丽硫珠菌，用肉眼就能看清其形似人类睫毛的模样，打破了过去"细菌微不可见"的认识。

华丽硫珠菌比普通细菌大**1000**多倍，平均长度约为**0.9**厘米，最长可达**2**厘米。

	细菌	病毒
结构	具有细胞结构	无细胞结构，仅核酸和蛋白质外壳
大小	大多约1000纳米，光学显微镜可见	10~400纳米，需电子显微镜观察
繁殖	可以自我繁殖	无法自我繁殖，要借助宿主细胞实现大量复制

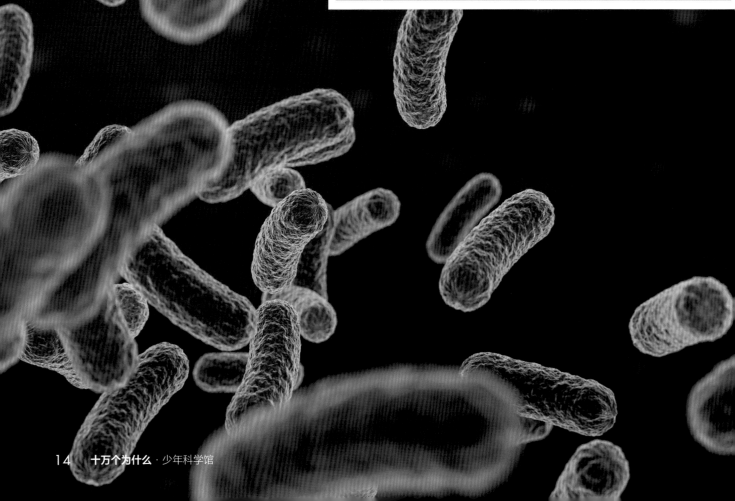

病毒有生命吗？

要回答这个问题，先要思索"什么是生命"。也许你脑海中会总结出许多生命体的特征：会生长繁殖，有能量代谢，由一个或多个细胞组成，对刺激有反应，主动适应周围的环境……可如果把病毒与这些特征——对照，会发现它们处于模棱两可之间。难怪有科学家指出，病毒是生活在无生命的化学物质和生命体分界线上的寄生生物。

和装备完善的细菌相比，病毒的结构简单，只能"借鸡生蛋"。在侵入活细胞前，病毒只是一枚"默默无闻"的化学大分子，甚至可以被结晶纯化成蛋白质；一旦进入宿主细胞，病毒就仿佛苏醒的"撒旦"，为"一己私欲"而奴役细胞……要说病毒不是生命，也难以让人信服。对于病毒到底是不是有生命这个问题，你怎么看？ **（徐悦）**

法国诺贝尔生理或医学奖获得者安德烈·利沃夫（André Lwoff，1902—1994）：是否把病毒看成生物体是个人喜好的问题。

美国进化生物学家保罗·埃瓦尔德（Paul Ewald，1953—）：细胞是构成所有生命体的基本单位。病毒比细胞更简单，所以按照逻辑，病毒就不是生命体。

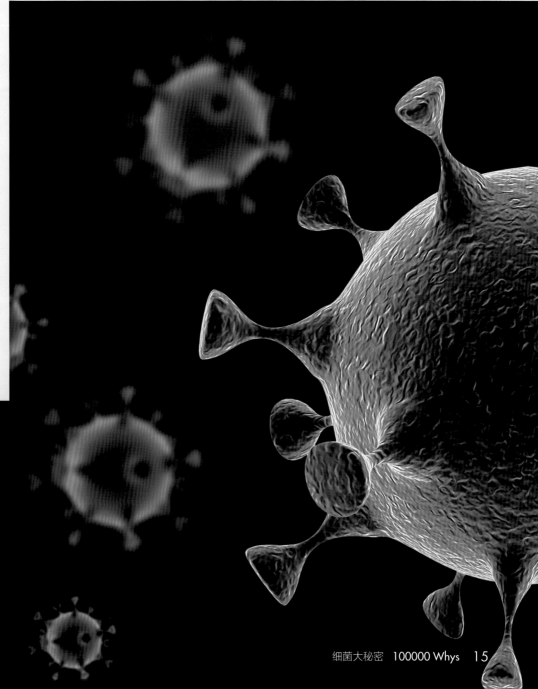

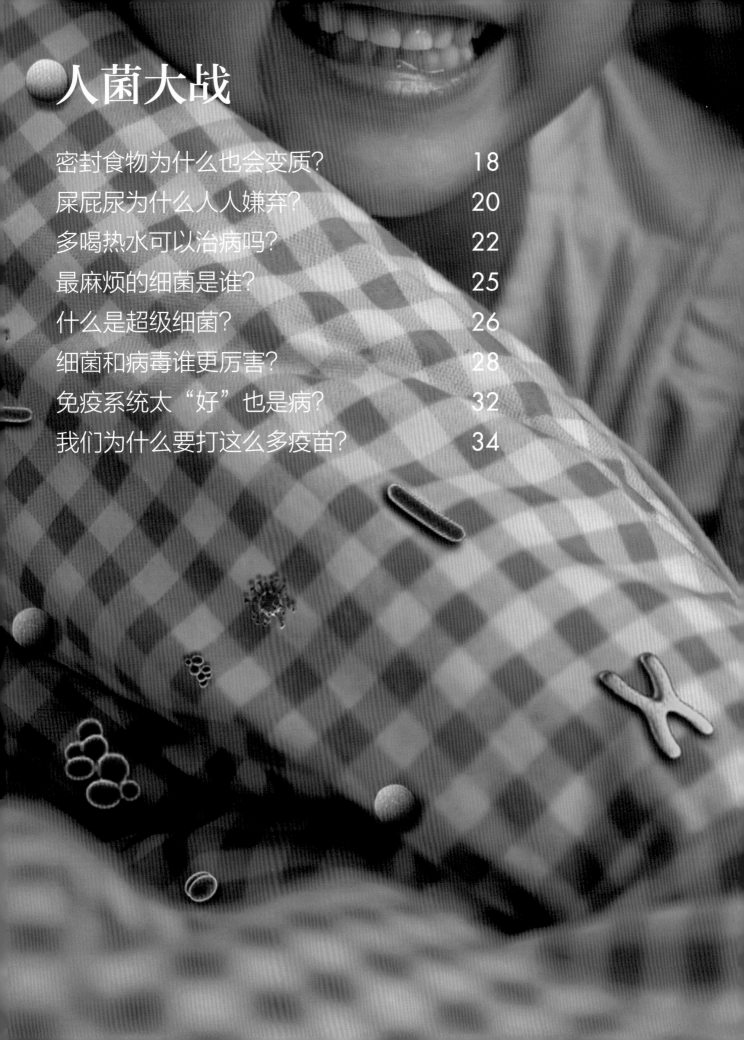

人菌大战

密封食物为什么也会变质?

众所周知,动过的饭菜要尽量密封、放进冰箱才不会很快馊掉。那么,饭菜到底是怎么变馊的呢?为什么密封后(保存不当)食物也会变质?

饭菜为什么会变馊?

在《现代汉语词典》里,"馊"的定义是食物因变质而发出的酸臭味。其实,食物变质是细菌和霉菌在"作祟"。人类喜爱的食物,也是细菌和霉菌爱"光顾"的食物。当空气中的细菌和霉菌飘落到饭菜上,它们就像是来到了"天堂",这里不仅不愁吃喝,更是它们发展壮大的"温床"。细菌和霉菌的繁衍速度极快,不消片刻就子孙满堂了。

在肉类、蛋类、豆制品等富含蛋白质的食物中,细菌和霉菌会将蛋白质吞入体内"燃烧它的卡路里",在这个过程中还会产生氨气、硫化氢等具有强烈臭味的气体。在米、面等富含糖类的食物中,它们同样会分解吸收并产生酸性物质——这就是馊的酸味由来。

由此可见,酸臭味就是细菌和霉菌的代谢产物所散发的味道,这些代谢"废物"对我们的身体是有害的。安全起见,饭菜变馊后一定不要再吃啦!

水果为什么会"长毛"？

水果"长毛"是由于微生物侵染引起的霉变腐烂。侵染水果的微生物以真菌居多——它们和细菌同属于微生物家族，但只是"远房表亲"。我们耳熟能详的霉菌、酵母菌以及其他一些菌菇类都属于真菌。

真菌喜吃甜食，且偏爱较高的湿度和温度，所以水果是它们的首选。我们在水果上看到的"毛毛"其实就是霉菌的菌丝。霉变腐烂的水果中含有真菌毒素，会危害人体健康，同样不能食用。

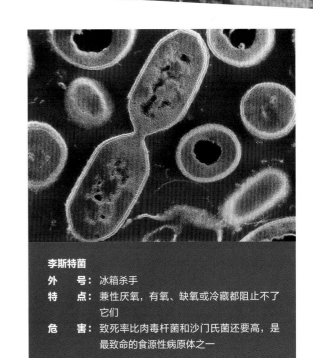

李斯特菌

外　号：冰箱杀手

特　点：兼性厌氧，有氧、缺氧或冷藏都阻止不了它们

危　害：致死率比肉毒杆菌和沙门氏菌还要高，是最致命的食源性病原体之一

细菌是怎么溜进密封食物的？

看似密封的食物，其实细菌早就已经"附身"其上了。密封食物虽然隔绝了氧气，抑制了好氧菌的生长和繁殖，却无法抑制其他厌氧菌及兼性厌氧菌的生长，甚至为它们的生长提供了有利条件。例如，能导致食品腐败变质、引起食物中毒的李斯特菌，无论是在有氧或者无氧条件下都能够存活，食物密封袋也阻止不了它们向肉禽、蔬菜、海产品等食品"下手"……（赵浩杰）

屎屁尿为什么人人嫌弃？

人们总是嫌弃屎屁尿，哪怕是看到自己拉的屎、放的屁或撒的尿，也会皱起眉头避犹不及。屎尿屁如此遭人厌恶，恐怕还是因为它们本身是人体不要的排泄物，而且又脏又臭——脏和臭其实都是由于其中含有许多能致人生病甚至危害性命的微生物。

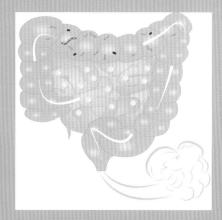

是什么形成了便便？

作为人体的固体或半固体排泄物，粪便主要由难以吸收的食物残渣形成。

一般情况下，正常人每天排便约 60~180 克，其中水分可高达 80%。剩下的 20% 分别是：脱落的肠道细胞（约占 7%）、未消化的食物（约占 7%）以及肠道菌群及其尸骸（约占 7%）。换句话说，我们看到的便便有 1/3 固体成分是肠道细菌。

"人生之气"究竟放不放？

俗话说"屁乃人生之气，哪有不放之理"。无论是有意识地放屁还是无意识地排气，成年人肛门每天排气 500~1500 毫升。跟随着屁涌出的主要是各种气体，氧气和氮气约占 1/4，剩下的 3/4 主要是二氧化碳、氢气和甲烷，而放臭屁是因为某些肠道细菌制造了带有臭味的含硫气体，如硫化氢、甲硫醇等。

因此，除了在社交场合中感觉有点尴尬以外，放屁并没有什么不妥，毕竟"有屁不放，憋坏五脏"。如果在排除摄入特殊食物的情况下发现排气的味道与平时差异很大、异味明显，就要到医院检查是否肠道本身出了问题。臭鸡蛋气味常提示消化不良，鱼腥味常提示肠道有炎性病变。

一个喷嚏暗藏的百万个病菌，随着气流以 60 ~ 100 千米/时的速度从鼻子或嘴巴里飞射而出，最远可达 8 ~ 10 米，其中致病菌的易感距离约 2 米，因此人们应保持 1 米以上的社交距离。

尿比屎干净吗？

和屎、屁相比，尿的成分简单，相对"干净"多了。尿液的主要成分是水（约占98%）和尿素（蛋白质分解后的代谢废物，约占2%），还含有微量的尿胆素、激素和维生素，通常不含细菌。在体检时，尿检中有一项指标是看尿液中有无细菌，如果出现细菌尿，则说明人体泌尿系统被细菌感染，需要及时就医。**（涂晴）**

素食者更容易放屁

蔬菜水果富含纤维素（一种多糖），结肠中的细菌每天会将大约40克多糖转化为13升氢气。部分氢气成为其他细菌的"口粮"，用以合成转化为硫化氢、甲烷等含氢元素的气体。有研究表明，随着摄入的膳食纤维增多，人放屁的次数也会增加。

恶心但有用的"屎"

鼻　涕：在约10立方厘米的鼻孔里，蜗居着被鼻纤毛"拒之门外"的各种细菌。鼻腔黏膜每天分泌约1.5升的液体（鼻涕的主要成分），一半的鼻涕会裹着细菌"流"出体外，另有一半直接流入咽喉。

耳　屎：耳屎在医学上称为耵聍。有科学家认为，耳屎是耳道预防细菌入侵的重要防线，其中富含能够阻止细菌和真菌繁殖的酶；但也有研究指出，耳屎为细菌提供了丰富的营养物质，促进了细菌的繁殖……这样的争议到现在还没有解决呢！

多喝热水可以治病吗?

　　早在《黄帝内经》中，就有"病至而治之汤液"的说法，其中"汤"即指热水，意思是生病了要多喝热水。你是否也在生病时被亲友善意提醒过这句万能的"多喝热水"呢？多喝热水真的可以治病吗？生病时多喝水的确有利于恢复，但要说治病就谈不上了！

水对于我们有多重要?

　　毋庸置疑，水是生命之源。我们知道，水占人体组成的70%。水作为溶剂构成了人体的"交通物流网络"；同时，水也参与了体内许多生物化学反应，建设着身体这座大厦——尤其是在生病时身体要尝试修复被病菌破坏的部位，各种新陈代谢过程大大加快，人体宛如过载运行的机器，比平时需要更多的水。其次，考虑到出汗、呕吐等容易导致失水的症状，我们也需要额外补充大量的水；另一方面，多喝水会刺激排尿，促进病原毒素、细胞残骸等废物排出。因此在生病时，要想支援我们的身体加速恢复，多休息、多喝水的确是有用的。

水喝太多也有害？

人体就像一台精密复杂的仪器，它的运作、修复都离不开水的参与。研究表明，适量（适量是关键）喝水可以预防肾结石、脱水、便秘及其并发症，有助于退烧、治疗尿路感染、治疗咳嗽感冒、减缓胃灼热、保持皮肤柔软和光泽，甚至还起到减轻体重的效果。

虽然水确实能够维持机体的正常运作，但在疾病治疗的过程中，它顶多只能算个"助攻"。不同的疾病有不同的病因，除去一些人体的自限性疾病（不加治疗也能通过人体自身免疫系统自愈的疾病），只有根据循证医学对症下药，才能真正药到病除。水并不能淹死细菌，想要追求"水"到病除而过量饮水，反而可能导致水中毒 * 的风险。**（陈智豪）**

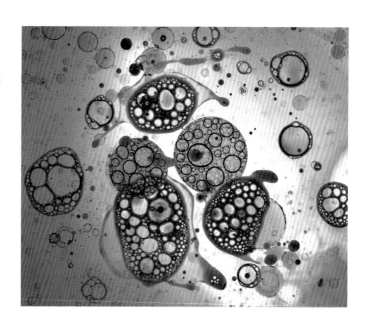

---

* 水中毒又称稀释性低钠血症，指当机体所摄入水总量大大超过了排出水量，以致水分在体内潴留、引起血浆渗透压下降等不良症状，一般较少发生。

人体中含水量百分比最高的器官是眼球（约 *95%*）。

喝高于 65℃的热饮或致癌

喝下温度过高的水会对我们的口腔与食道黏膜造成损伤，久而久之可能引发食道癌。国际癌症研究机构曾将温度超过 65℃的热饮列入 2A 类致癌物名单（该类别的致癌物对人致癌性数据有限，但对实验动物致癌性证据充分）。看来，为了健康还是别喝太热的水。

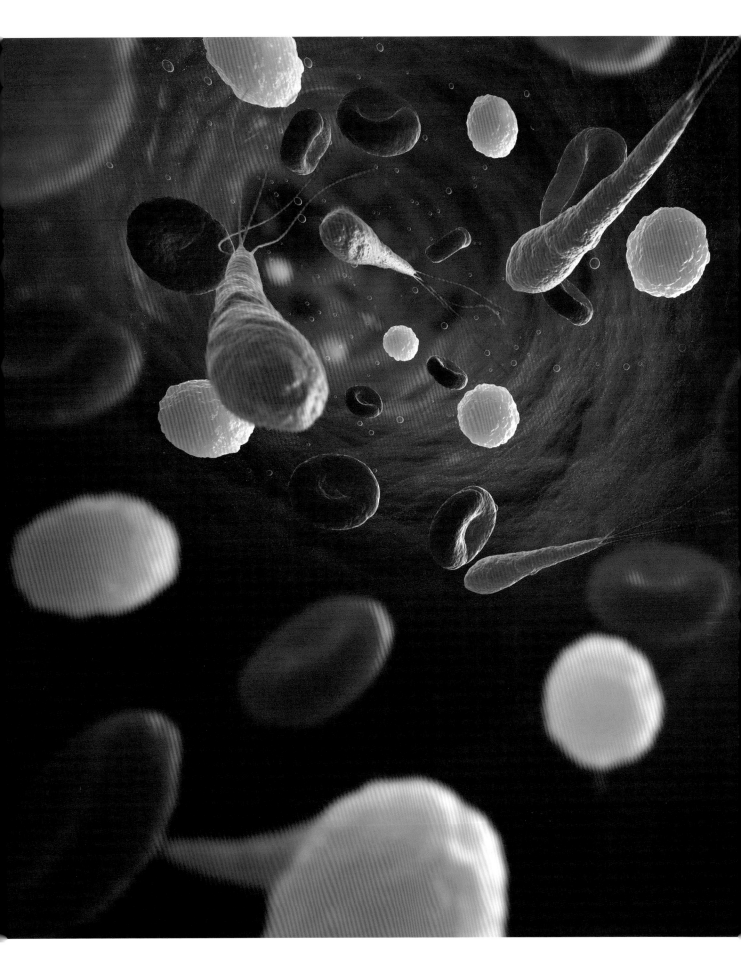

最麻烦的细菌是谁？

有些细菌来势汹汹，一旦入侵人体便攻城拔寨、各个击破；也有些细菌平时以人体为"家"，安营扎寨伺机而动，一旦免疫系统落于下风便乘人之危，风卷残云、毫不留情……你也许不熟悉它们的名号，但它们早已在"菌源性疾病排行榜"上赫赫有名。

痤疮丙酸杆菌

它们是引起青春痘的主要细菌，是人类皮肤上难缠的"恶霸"，蜗居在毛囊和皮脂腺内，亦可见于口腔、鼻腔、肠道中。当我们的皮肤毛孔堵塞时，痤疮丙酸杆菌就会疯狂生长，引起皮肤应激和炎症反应，带来红肿、粉刺等令人困扰的皮肤问题。

变形链球菌

它们是导致龋齿（蛀牙）的"罪魁祸首"。变形链球菌会一层又一层地吸附在牙齿表面，心怀叵测地给牙齿"穿"上一件件"生物膜"外套。它们通过消耗糖类产生酸性物质，腐蚀牙釉质，给牙齿打上一个个"窟窿"，直到牙髓蛀穿。

霍乱弧菌

人类是霍乱弧菌唯一钟爱的对象，由霍乱弧菌引发的霍乱是一种古老的烈性传染病，历史上曾有过七次霍乱大流行的记载。被霍乱弧菌感染的患者会出现上吐下泻的症状，严重时会表现为脱水直至死亡。在中国法定报告传染病中，甲类传染病只有两种，其一是鼠疫，另一种就是霍乱。

白喉杆菌

白喉杆菌是引起白喉的病原菌，它们通过分泌白喉毒素使人致病。罹患白喉的患者会出现发热、气憋、声音嘶哑等症状，咽喉、扁桃体等部位还会出现白膜——白喉也因此得名。秋冬或早春季节是白喉等呼吸道传染病的高发时节，出门戴口罩是预防白喉的有效手段。

破伤风梭菌

由破伤风梭菌引起的感染称为"破伤风"。破伤风梭菌释放的破伤风毒素会侵袭人类神经系统中的运动神经元，引起不受控制的肌肉痉挛甚至死亡。故在发生各种创伤后，应及时就医清创，采用被动免疫手段预防破伤风的发生。**（涂晴）**

什么是超级细菌?

超级细菌之所以被冠名"超级",不是因为它们长得特别大或者特别小,而是因为它们的"百折不挠"。超级细菌并不是某一种细菌,而是所有对抗生素有抗药性的细菌的统称。

研究发现,超级细菌抵御抗生素的绝招千奇百怪:有的身披"铠甲",装备上具有非渗透性的细胞膜,以此来抵御抗生素的杀伤;有的则改头换面,发生耐药性突变,使原本熟识它们的抗生素无法辨认;还有些细菌,干脆"先礼后兵",采用一种名为多重耐药性外排泵的机制,将进入体内的抗生素毫不客气地"扔"出体外。

超级细菌是人类培养的吗?

人类当然不会刻意地去"栽培"自己的"死对头",但超级细菌的诞生,人类可以说是始作俑者。由于人类滥用抗生素,导致细菌基因突变,经过长期的繁衍、演化练就了一套"六亲不认"的本领,凭借着耐药基因这柄尚方宝剑,将原本老祖宗都惧怕的抗生素斩于马下。

抗生素曾令细菌臣服,却也催生了更危险、更可怕的敌人——超级细菌。青霉素的发现者、英国细菌学者弗莱明早在 1945 年领取诺贝尔奖时就说:"公众如果滥用药物,会引起耐药性的问题。"如今,这个预言已然成真。

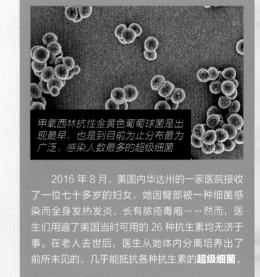

甲氧西林抗性金黄色葡萄球菌是出现最早,也是到目前为止分布最为广泛、感染人数最多的超级细菌

2016 年 8 月,美国内华达州的一家医院接收了一位七十多岁的妇女,她因臀部被一种细菌感染而全身发热发炎、长有脓疮毒疱……然而,医生们用遍了美国当时可用的 26 种抗生素均无济于事。在老人去世后,医生从她体内分离培养出了前所未见的、几乎能抵抗各种抗生素的超级细菌。

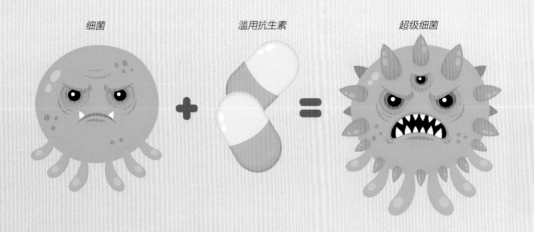

细菌　　　　　滥用抗生素　　　　　超级细菌

我们该拿超级细菌怎么办？

既然抗生素都拿超级细菌没辙了，那我们该如何对付超级细菌呢？解铃还须系铃人。一方面，我们要源头控制，科学、合理地使用抗生素，停止抗生素滥用。另一方面，我们也要与超级细菌"赛跑"，加快研制新抗生素的步伐，或者开发新的治疗手段。

当前，噬菌体治疗正是研究的热点。该疗法利用专门吞噬细菌的"克星"——噬菌体作为抗生素的替代品，通过对噬菌体进行改造，使其成为一种可普遍适用的耐药菌治疗手段，用以对付超级细菌。

人类与细菌的战争曾经因抗生素的诞生而赢过一局。现在，随着超级细菌扳回一局，新的战争重新开启，虽然没有硝烟，却更加激烈。只有坚持合理的科学用药，才能杜绝超级细菌成长的温床。（赖宇琴）

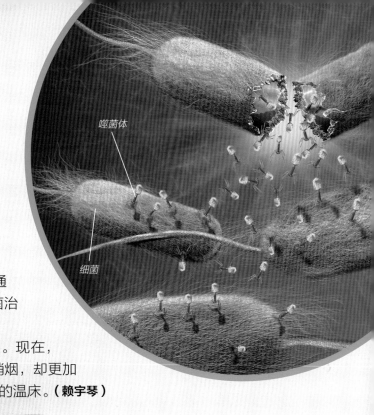

噬菌体

细菌

在最低致死浓度 *1000* 倍的抗生素环境中，实验室内的大肠杆菌仅需 *10* 天时间就会产生耐药性。

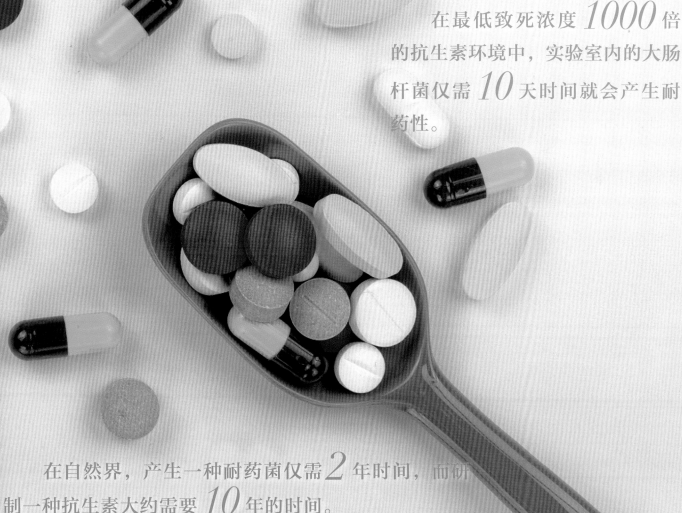

在自然界，产生一种耐药菌仅需 *2* 年时间，而研制一种抗生素大约需要 *10* 年的时间。

细菌和病毒谁更厉害？

细菌和病毒都可以使人罹患感冒或肺炎，究竟谁更厉害呢？

病原体如何入侵人体？

浩浩荡荡的病原体大军要从自然界进入人体，主要还是通过人体表面的突破口。

"空袭"：流感病毒和风疹病毒、结核杆菌等病原体会跟着一个喷嚏，通过空气传播，随飞沫"空降"人体呼吸系统的入口——口鼻部。

"水路"：引发霍乱的霍乱弧菌、散布传染性肝炎的甲型肝炎病毒、致死率高达 10% 的伤寒杆菌都是随着被污染的饮用水进入人体的。

"投毒"：常言道"病从口入"，擅长走水路的细菌和病毒也会通过食物进入体内。

"偷渡"：除了以食物、饮用水为媒介外，有些细菌和病毒会搭着节肢动物等"顺风车"，偷渡到人体内。

"守株待兔"：有些细菌潜伏在土壤或其他物体表面，等着人类来接触时趁机入侵。

采取什么样的作战手段和细菌、病毒本身的生存环境与生活习惯密切相关。单从突袭手段上来看，似乎细菌和病毒不相上下。

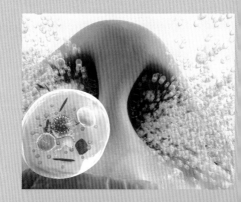

细菌 PK 病毒谁会赢？

在大自然中，大鱼吃小鱼、小鱼吃虾米很常见。体型较病毒大几百倍的细菌是否也会以病毒为食呢？恰恰相反！在病毒家族中有一种名为噬菌体的家伙，它们会感染细菌，并逐渐瓦解细菌的细胞结构并致其死亡。

和其他病毒一样，噬菌体本身无法繁殖和复制，需要先吸附在细菌的表面，将自己的遗传物质注入细菌内部，利用细菌的遗传工具进行复制，并在细菌体内繁衍后代、集结大军，待时机成熟倾巢出动、破"菌"而出，再去寻找下一个宿主细菌……噬菌体的这种"损人利己"的行为，让细菌毫无招架之力。

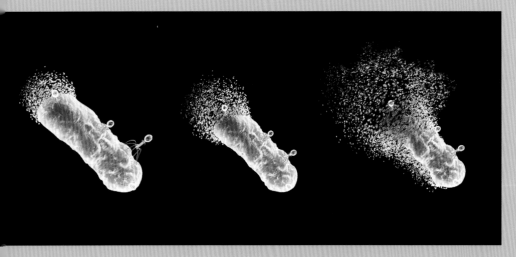

噬菌体感染细菌后，会瓦解其细胞结构，导致其死亡

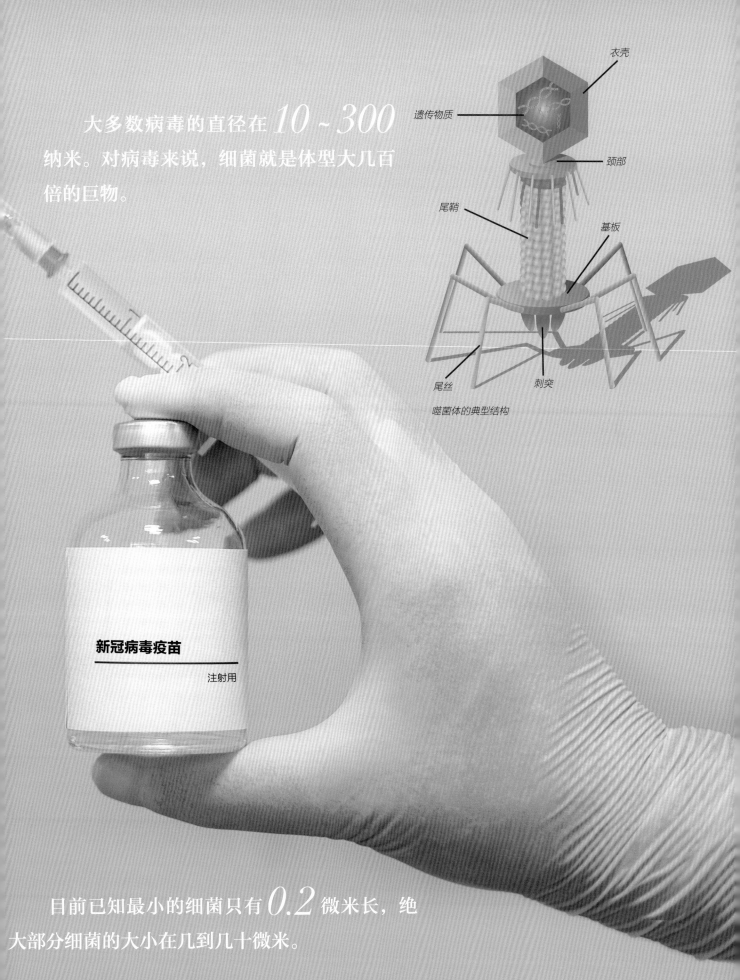

大多数病毒的直径在 *10 ~ 300* 纳米。对病毒来说，细菌就是体型大几百倍的巨物。

衣壳

遗传物质

颈部

尾鞘

基板

尾丝

刺突

噬菌体的典型结构

新冠病毒疫苗

注射用

目前已知最小的细菌只有 *0.2* 微米长，绝大部分细菌的大小在几到几十微米。

病毒有天敌吗？

　　长期以来，病毒似乎只会感染并杀死生物，而不会被其他生物当作"口粮"——这看上去不合常理。病毒就真的没有天敌吗？世间万物相生相克，大自然自有其制衡之道。迄今为止，科学家确实发现了几种病毒的克星。

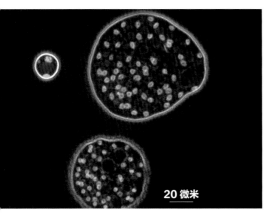

海洋原生动物皮胆虫和聚胞动物捕食病毒

皮胆虫和聚胞动物： 2020 年，美国缅因州东布斯湾毕格罗海洋科学实验室单细胞基因组学中心的科学家在缅因湾和地中海采集的原生生物样本中，发现皮胆虫和聚胞动物这两类生物的每一个个体都含有病毒的 DNA（脱氧核糖核酸）。深入研究发现，它们的捕食器官特别小，压根吃不下细菌，却能在海水中肆意吞噬并消化病毒。

噬病毒体： 2011 年，澳大利亚科学家在南极的冰湖中发现了具有奇特特性的病毒。该病毒不能在真核细胞宿主内独立增殖，必须依赖其宿主病毒的病毒工厂增殖，并在增殖过程中造成宿主病毒的形态畸形和毒力下降，甚至可以将成熟病毒粒子包装到宿主病毒的核衣壳内，如同侵染宿主病毒。目前，科学家已经发现 3 种此类病毒，它们被称为噬病毒体。

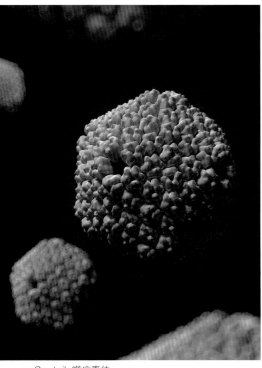

Sputnik 噬病毒体

抵抗药物哪家强？

　　恃强凌弱算不上真本事，棋逢对手还能技高一筹，那才是真的厉害。面对人类的药物"导弹"，细菌和病毒谁会更胜一筹呢？

　　细菌最怕的抗生素，却对超级细菌的"三十六计"束手无策。

　　对于病毒，人类也研发出了干扰素。干扰素并不直接与病毒发生正面冲突，它对病毒的阻击有点"借刀杀人"的意味："教唆"被病毒入侵的细胞，合成抗病毒蛋白。这种蛋白可以将病毒的 mRNA（信使核糖核酸）拦腰切断，从而抑制病毒蛋白的合成；也可以打乱病毒大军的作战步调，防止病毒继续感染其他细胞。干扰素还能"唤醒"机

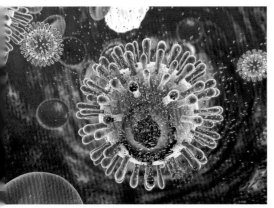

被毁灭的艾滋病病毒

体两种重要的免疫细胞——自然杀伤细胞和巨噬细胞，它们能直接歼灭被感染的细胞，让其与病毒同归于尽。

面对如此劲敌，病毒也练就了"七十二变"的本领：其表面五花八门的蛋白质"外套"和内部的遗传物质核酸会不断改头换面，这种变异让人类难以捉摸，无法精准施策。

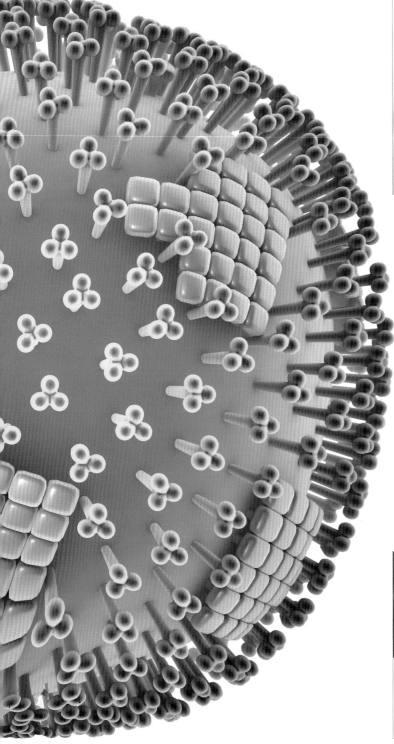

流感病毒

家族概况： 包括人流感病毒和动物流感病毒两大派系，人流感病毒又分为甲（A）、乙（B）、丙（C）、丁（D）四大家族。

家庭成员： 流感病毒的外套（包膜）上镶嵌了两种糖蛋白：血凝素（H）和神经氨酸酶（N）。在一个流感病毒表面，通常分布有 500 多个血凝素和 100 多个神经氨酸酶。目前知道，H 有 15 种不同的亚型（H1-H15），N 有 9 种不同的亚型（N1-N9），通过排列组合，流感病毒就有了不同的模样，也具有各自的毒性和传播速度。

流感病毒厉害在哪？

以流感病毒为例，它有 8 条 RNA（核糖核酸），属于 RNA 病毒。和 DNA 不同，RNA 在复制过程中经常出错，而这样的故障又没有程序员进行鉴别和修正，所以 RNA 变异很快。疫苗的研发是基于病毒相对固定的基因或蛋白质开展的，而不断变异的 RNA 病毒使针对它们的疫苗的研制之路困难重重。

科技进步的同时，病毒也在不断演化。疫苗的研制究竟能否追赶上病毒演化的步伐，这无疑是对人类的大挑战！

依你看，细菌的"三十六计"和病毒"七十二变"到底谁更厉害呢？（**赵浩杰 涂晴**）

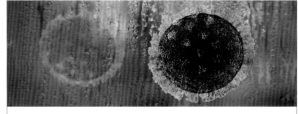

流感病毒变化多端

1918 年爆发的世界范围的大流感是 H1N1 亚型，1957 年亚洲大流感是 H2N2 亚型，1968 年的流感是 H3N2 亚型，还有近些年出现的 H7N9、H5N1 亚型，等等。

免疫系统太"好"也是病？

我们常常把体弱多病归咎于免疫力低下，殊不知，有很多疾病恰恰是由于免疫力太强"惹"的祸。

什么是免疫力？

免疫力是人体免疫系统排除"异己"的能力。对人体而言，任何外界进入体内的异物（如细菌、病毒、粉尘等）都是外敌。人体的免疫系统设置了三道防线，层层把关、严防死守，以阻止外敌的大举入侵。

第一道防线：皮肤、黏膜及其分泌物。细菌和病毒"搭乘"唾沫、食物等便车，或通过身体表面创口等接触，进军人体的第一道防线。在这里，皮肤、黏膜及其分泌的多种杀菌灭毒物质将与它们展开首轮对决，把大多数病原体拒之门外或当场"击毙"。

第二道防线：体液中的杀菌物质和吞噬细胞。一些顽固的病原体突破第一道防线到达体内组织后，就会面临第二轮考验。体液中的溶菌酶大军会将细菌逐步溶解；而从毛细血管中涌出，或在淋巴结以及身体各处潜伏的吞噬细胞大军会直接将这些病原体"活剥生吞"。

第三道防线：特异性免疫。经历了两轮考验后，有些身强力壮或武艺超群的病原体还会反杀吞噬细胞，或随着它们游走到身体其他部位，造成广泛病变。此时，人体的第三道防线——特异性免疫开始展开精准打击。淋巴细胞会产生一种名为抗体的"导弹"，这些"导弹"像长了眼睛似的，会紧紧盯住入侵者不放，并引来白细胞将这些入侵者吞噬。遗憾的是，这道防线只针对曾经入侵过人体的病原体才能奏效，对于那些首次入侵的"新面孔"却无法识别、手足无措。

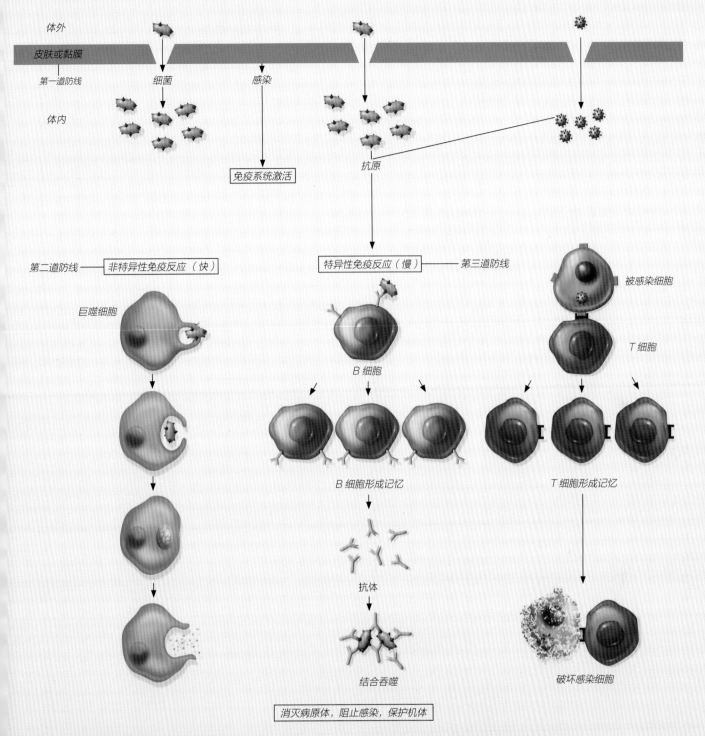

免疫系统激活

体外

皮肤或黏膜

第一道防线　　细菌　　感染

体内

抗原

第二道防线 —— 非特异性免疫反应（快）　　特异性免疫反应（慢）—— 第三道防线

被感染细胞

巨噬细胞

B 细胞　　　　　　　　　　T 细胞

B 细胞形成记忆　　　　　　T 细胞形成记忆

抗体

结合吞噬　　　　　　　　　破坏感染细胞

消灭病原体，阻止感染，保护机体

免疫功能越强就越好吗？

　　如果人体的免疫功能太强或出现故障，就可能会导致机体无法分辨敌我，将自身物质也误认为是入侵的外敌，从而发起免疫反应，造成自身组织损害的"乌龙事件"，引发自身免疫病，如系统性红斑狼疮、类风湿性关节炎、过敏等。这类疾病的病因十分隐蔽，难以对症下药并治愈，致使患者非常痛苦。如果出现了相应症状，应该尽早去正规医院就医。

如何辩证地看待免疫力？

　　人体的免疫力既不能过低，也不可以过强：如果免疫力过低，就有细菌和病毒感染的风险；如果免疫力过强，免疫系统很可能不分青红皂白，将自身的细胞、组织也当作外敌来进行"围殴"。因此，良好免疫力的表现是机体处在动态平衡的状态，能进行稳定地自我调节。**（管媛媛）**

我们为什么要打这么多疫苗？

你知道吗？你可能已经先后接种过不下十种疫苗！那我们为什么要打这么多疫苗？

为什么我们不用接种牛痘疫苗？

在你父母或祖辈的胳膊上，可能还留有接种牛痘疫苗的痕迹。而在你小时候，牛痘疫苗已经不再全民接种了，因为用它防治的疾病——天花早在 1979 年已被消灭。

18 世纪末，英国乡村医生爱德华·詹纳（Edward Jenner，1749—1823）发现手部感染牛痘的挤奶女工不会被天花所感染。他尝试将牛痘分离提取，并接种给儿童，结果成功使其获得了对天花的免疫力。这一发现证实：接种牛痘能够比较安全地预防天花病毒感染。此后，牛痘接种技术迅速传遍全世界，成为了抵御天花病毒的不二选择。

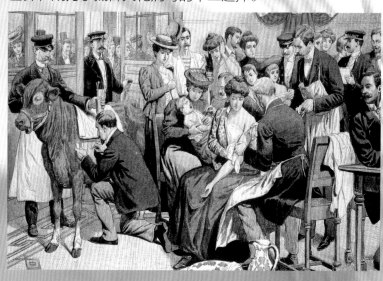

减毒苗和灭活苗有什么区别？

疫苗接种的原理类似"以毒攻毒"，疫苗本身就是一种被人类处理过的病原体。在新冠病毒疫苗接种期间，"减毒苗"和"灭活苗"成了我们经常听到的词。它们有什么区别呢？

牛痘苗本质上就是一种减毒活疫苗，简称减毒苗。减毒苗是从捕获的病原体后代中筛选出老弱病残的子孙。它们的毒性大大降低、致病力显著下降，但仍可以激活人体产生免疫应答，制造抗体。

灭活苗是一种将病原体"内力"废去（破坏遗传物质），同时保留其蛋白质外壳的疫苗，又称死疫苗。灭活苗需要多次接种才能起到较好效果。

有没有"包治百病"的疫苗

当然没有！如果真的存在"包治百病"的疫苗，我们为什么还要屡屡遭受皮肉之苦，接种那么多针呢？

从诞生到这个世界上开始，我们就需要注射各种疫苗来建立起自身的免疫屏障：接种卡介苗来预防儿童结核病和结核性脑膜炎，接种乙肝疫苗来预防乙型肝炎，接种百白破疫苗来预防百日咳、白喉和破伤风，接种麻腮风疫苗来预防麻疹、腮腺炎和风疹……今天，我们免受多种病原体侵扰（或大大减轻了重症风险）的"百毒不侵"体质，还真多亏了疫苗！

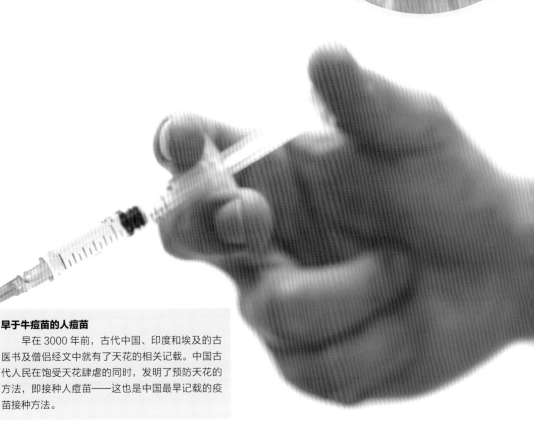

随着科学技术的不断发展，针对不同传染类疾病的各种新型疫苗陆续问世，疫苗的种类也越来越多。**（徐悦）**

早于牛痘苗的人痘苗

早在 3000 年前，古代中国、印度和埃及的古医书及僧侣经文中就有了天花的相关记载。中国古代人民在饱受天花肆虐的同时，发明了预防天花的方法，即接种人痘苗——这也是中国最早记载的疫苗接种方法。

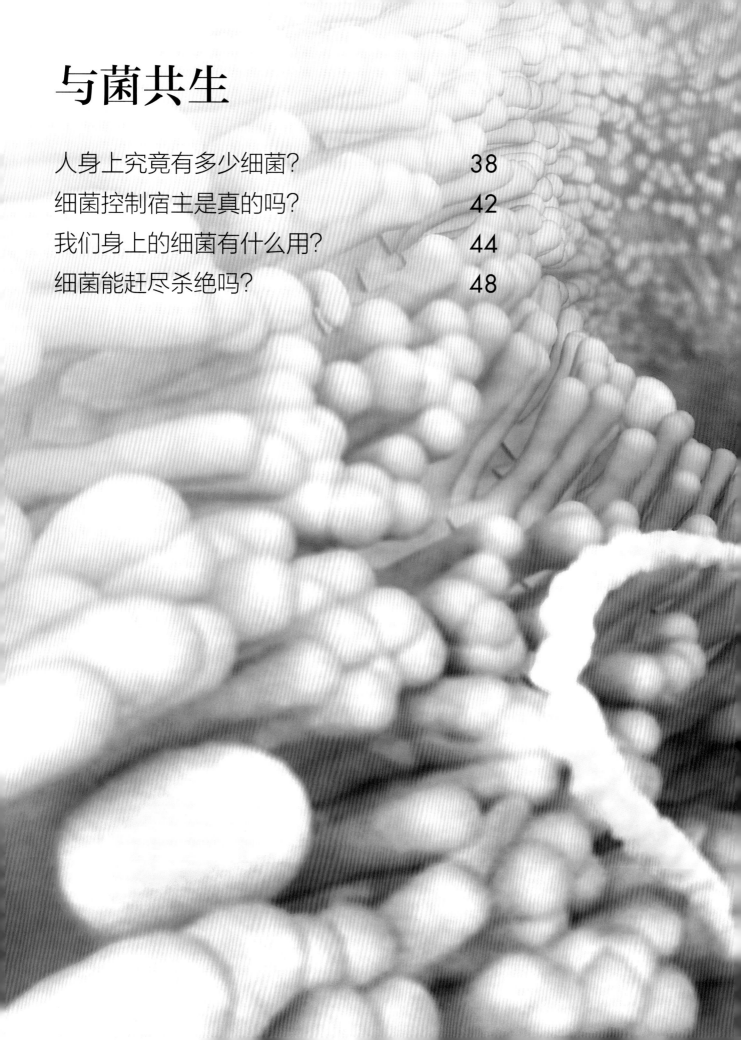

与菌共生

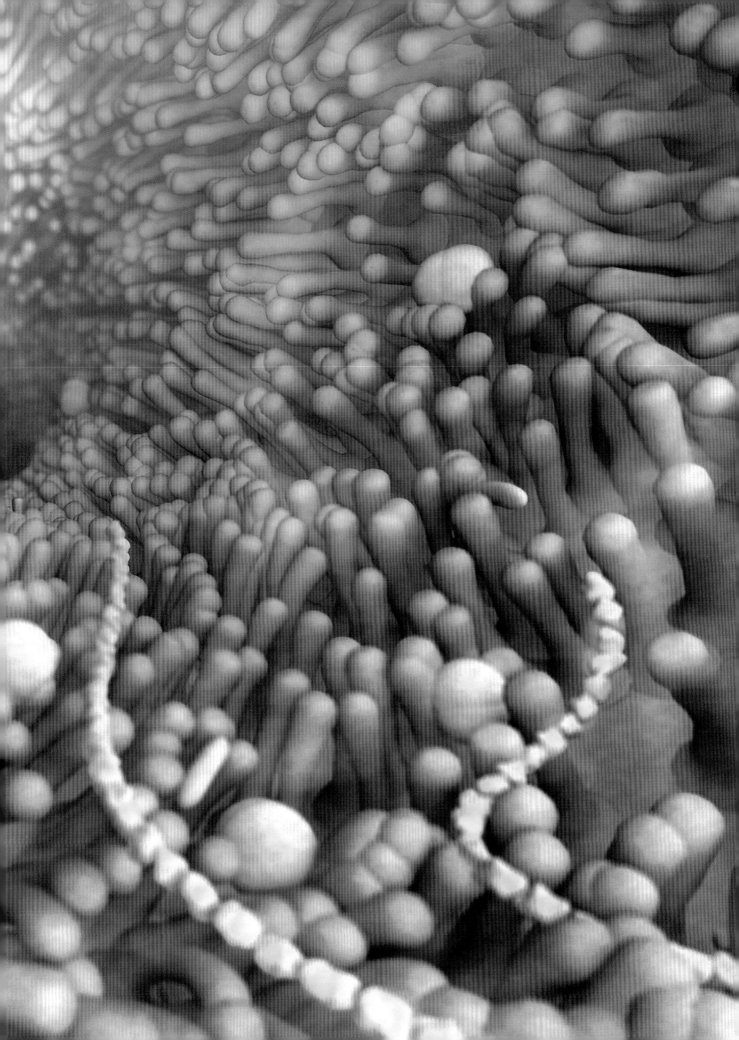

人身上究竟有多少细菌？

人类胎儿在出生前都生活在母亲提供的"无菌育婴室"——子宫里。分娩时，我们通过产道降临人世，母亲体内的一部分细菌就会转移到我们身上，并开始繁殖。在成长路上，我们会继续从环境中接触到各种各样的微生物，身上的细菌变得越来越多。从某种意义上说，人体只是一个"装载"微生物的巨大容器，且在这数以百万亿计的微生物中，尤以细菌为最。

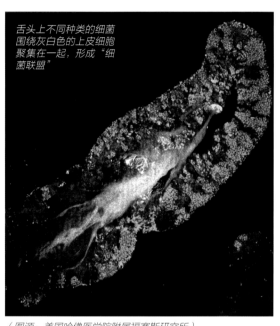

舌头上不同种类的细菌围绕灰白色的上皮细胞聚集在一起，形成"细菌联盟"

（图源：美国哈佛医学院附属福赛斯研究所）

口腔里有哪些细菌？

口腔内部生存着大约 100 种、100 亿个细菌，分布在口腔黏膜、牙龈、上颚、舌头和牙垢上。

一种名为变形链球菌的小家伙是导致龋齿的"罪魁祸首"。它会分解残留在牙齿上的食物残渣，将葡萄糖分解成单糖。而口腔中的其他细菌"嗅"到单糖的气味便会蜂拥而至，啃食单糖释放的乳酸等酸性物质。在酸性物质的腐蚀下，牙齿表面的牙釉质逐步土崩瓦解，形成龋齿。预防龋齿，正确有效地刷牙尤为重要！

舌苔是舌背上一层薄且湿润的苔状物。舌苔布满了脱落的上皮细胞、唾液、食物碎屑和微生物群落，其微生物的构成相当复杂。经鉴定，在人类舌苔上约有17 个属的细菌，包含了 90% 以上的舌苔微生物，其中放线菌、罗氏菌和链球菌是主要代表。

根据人类口腔微生物组数据库显示，当前在人类上消化道和上呼吸道（主要包括口腔、咽、鼻道、鼻窦和食道）中，已发现了 *775* 种微生物（这一数据还在更新中）。

亲吻传播龋齿

研究发现，从母亲和她的婴儿口腔内分离得到的变形链球菌，所产生的细菌素具有相似性；但若检测来自不同家庭的母子（女）口腔内的变形链球菌基因型，其相似性就有较大程度的不同。大量证据指向一点：亲吻会传播变形链球菌，进而引起龋齿的发生。有的变形链球菌在感染新宿主后，还会出现变异，这又增加了患龋齿的风险。

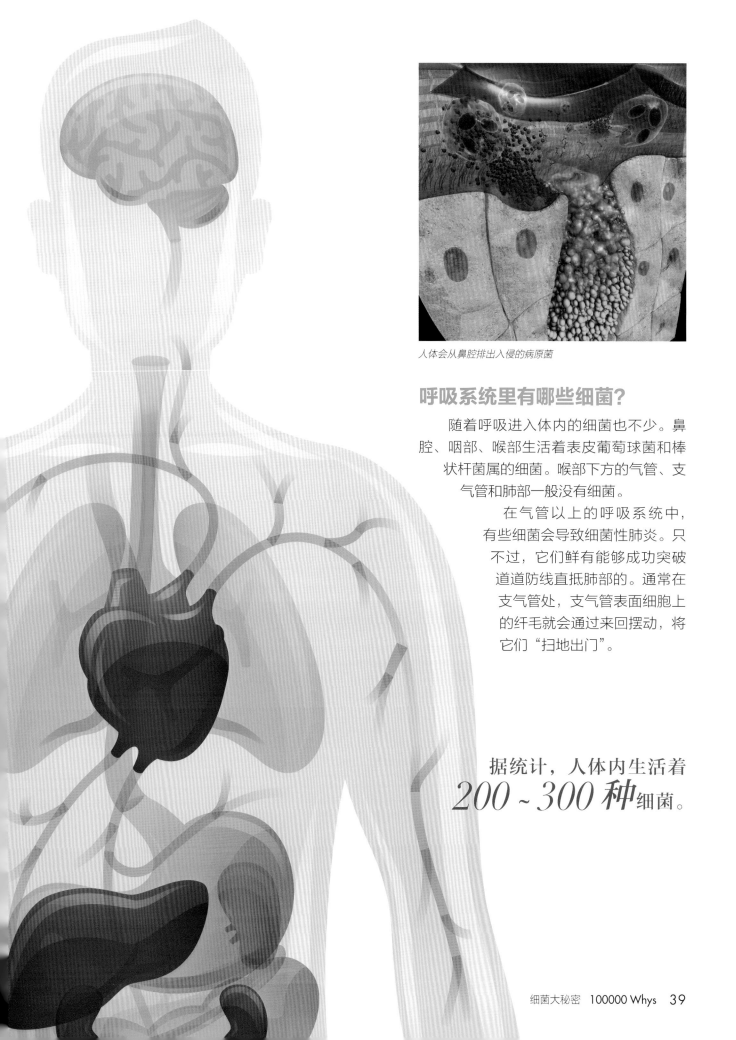

人体会从鼻腔排出入侵的病原菌

呼吸系统里有哪些细菌？

随着呼吸进入体内的细菌也不少。鼻腔、咽部、喉部生活着表皮葡萄球菌和棒状杆菌属的细菌。喉部下方的气管、支气管和肺部一般没有细菌。

在气管以上的呼吸系统中，有些细菌会导致细菌性肺炎。只不过，它们鲜有能够成功突破道道防线直抵肺部的。通常在支气管处，支气管表面细胞上的纤毛就会通过来回摆动，将它们"扫地出门"。

据统计，人体内生活着 *200 ~ 300 种*细菌。

皮肤上有哪些细菌？

人体皮肤上生存着大约 150 种、1 万亿个细菌。定居在我们皮肤上的细菌主要有表皮葡萄球菌和痤疮丙酸杆菌，前者可引起化脓性感染以及败血症，后者是造成粉刺的"元凶"——保持皮肤清洁的重要性不言而喻。

皮肤上的细菌分布随着皮肤干性、油性不同略有差异。以头部皮肤为例，普通人的头皮上，痤疮丙酸杆菌约占全部微生物的 71%，表皮葡萄球菌约占 26%，剩下约 3% 是其他微生物；而头屑较多的人，其头皮上的痤疮丙酸杆菌可能只占 50%，表皮葡萄球菌可能占到 44%。

每天，伴随老皮、死皮脱落，我们皮肤上的细菌也会迎来"新老交替"。

组成人体的细胞不过 *60 万亿* 个，可在人体体表或体内"寄居"的细菌总数却高达 *数百万亿* 个，将它们堆砌在一起，总重量可达 *1 千克* 左右。

消化道中有哪些细菌？

能在胃部"安营扎寨"的细菌是需要勇气的。因为胃部的环境恶劣异常，酸性极强，只有耐得住酸的细菌才能存活——幽门螺杆菌就是其中的代表。在中国，超过 50% 的成年人感染幽门螺杆菌。

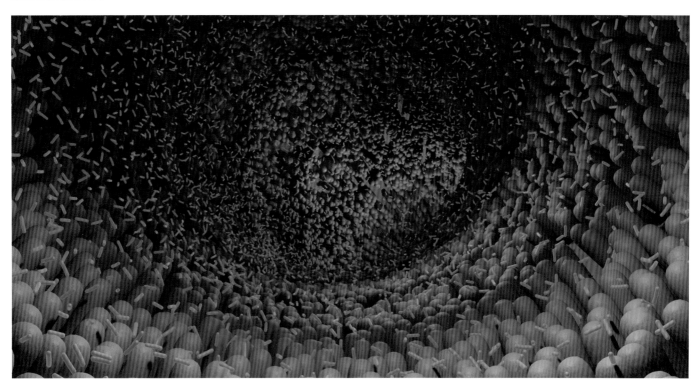

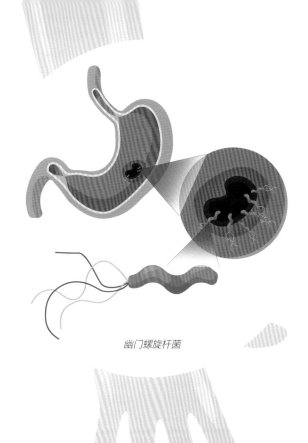

幽门螺旋杆菌

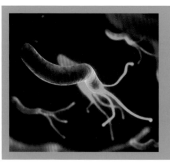

寄生在十二指肠、小肠、大肠（盲肠、结肠、直肠）处的细菌统称为肠道菌。它们主要包括：双歧杆菌、乳酸杆菌、大肠杆菌、肠球菌、链球菌等。从十二指肠到直肠，肠道菌的数量与种类逐渐增多。特别是在结肠处，细菌总数竟高达 10^{14} 数量级。

此外，尿道、生殖器官附近也会有大肠杆菌和乳酸杆菌等细菌聚集……

看来，我们都是名副其实的"细菌人"！**（涂晴）**

幽门螺杆菌

特　　点：螺旋形、微厌氧、喜酸，对生长条件要求非常苛刻

危　　害：能引起胃炎、消化道溃疡甚至胃癌，被世界卫生组织列为第一类生物致癌因子，危害极大

细菌控制宿主是真的吗？

科幻电影中常常能看到外星生物或寄生虫"寄生"在动物或人体内，并操控宿主的情节。而现实生活中，数以百万亿计的微生物就生活在我们体内，它们对我们的影响究竟有多大？

细菌怎样影响我们的食欲？

1958 年的诺贝尔生物及医学奖获得者乔舒亚·莱德伯格（Joshua Lederberg，1925—2008）指出：除病毒外的微生物细胞和人体细胞一起构成了一个"超级生物体"。其中，肠道菌群是人体内最大的菌群库。肠道菌群不仅会影响我们的食欲，还会左右我们的饮食习惯。

事实上，在我们肠道内生活着的微生物食性各不相同，有的偏爱油腻食物，有的喜欢膳食纤维，有的则倾向碳水化合物。一旦我们偏食，蔬菜水果摄入较少，喜欢吃膳食纤维的微生物就有可能被活活饿死。此消彼长，爱吃碳水化合物的微生物就会"称霸一方"，我们便会莫名"发自肺腑 *"地对巧克力、冰激凌等甜食上瘾，实际上可以说是受到了肠道菌群的"蛊惑"。

---

* 大肠和小肠均属于"六腑"。

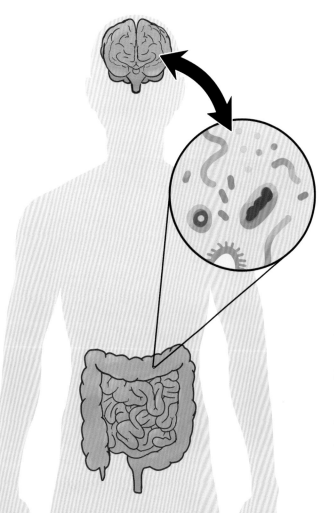

肠道菌群能影响人的情绪吗？

研究发现，给小鼠喂食鼠李糖乳杆菌会降低它们的应激反应，还会使它们更加顽强，缓解焦虑和抑郁。

另有实验证明，肠道中的大肠杆菌、枯草芽孢杆菌和金黄色葡萄球菌可以产生一种名为多巴胺的物质。通常情况下，多巴胺在大脑中含量颇丰，与人类兴奋、快乐等情绪的传递有关——难道我们的愉悦感觉真是源自肠道菌群的"满足"？

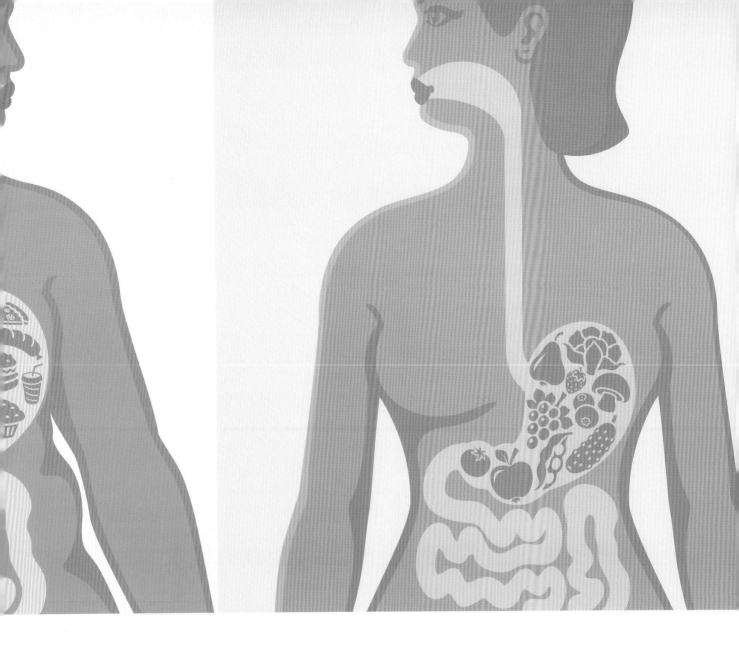

肠道菌群真能指挥我们的大脑吗？

与其说是指挥，倒不如说是影响。人的行为受大脑控制，而我们的大脑又是如何受到相隔"十万八千里"的肠道菌群影响呢？深究背后的机制，科学家发现，肠道菌群可以通过不同方式与大脑"对话"。

第一种是产生与大脑释放的"命令信号"相似的化学物质，这些物质可以以假乱真，骗过我们的大脑，使得我们的意识或行为举止受到影响。如果体内的肠道菌群发生变化，我们原先的行为举止乃至性情都会受到一定影响。

另一种方式类似"电话连线"：细菌通过肠道和大脑之间连接的主要神经组织——迷走神经进行信息传递，达到远程影响大脑的效果。**（吴明臻）**

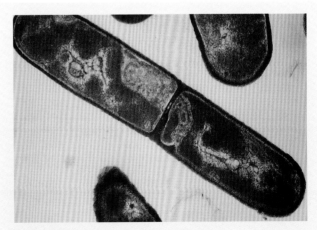

枯草芽孢杆菌

特　点： 能产生抗菌物质

用　途： 在医药卫生食品等方面用途很广，还可以作为益生菌、微生物调节剂，起到改善水质、抑制有害微生物等作用

我们身上的细菌有什么用？

我们身上的绝大部分细菌都是安分守己、与我们互利共生的"好公民"。那么，定居在我们身上、重达数千克的细菌到底有哪些用处呢？

两菌相遇，帮"理"还是帮"亲"？

其实，每天都有无数的有害菌"光顾"我们身体。遇见外来的同类，我们身上的细菌会产生不同的反应。

皮肤上的会晤

皮肤上的"常驻人口"——痤疮丙酸杆菌和表皮葡萄球菌会将皮肤分泌的皮脂和汗液中的脂类物质进行分解，生成酸性物质。略带酸性的皮脂和汗液构成了皮肤之外的又一层保护网，让"流动人口"（病原菌）难以落足。

口腔里的保护伞

牙垢由食物残渣、脱落的口腔上皮细胞、唾液和大量细菌构成，是在牙齿表面逐步沉积的一层层生物斑块。这片富饶之地早已被变形链球菌、龋齿放线菌和一些厌氧菌占为己有，其他外来菌种很难找到落脚之地。

肠道里的保卫战

双歧杆菌和乳酸杆菌是人体肠道内出了名的"好好先生"，它们在肠道黏膜上生长，形成一道天然的菌膜屏障，阻挡病原菌的侵入。一旦遇到生面孔，它们就会通知小肠细胞分泌抗菌肽（一类具有抗菌活性的蛋白质分子片段），还会指挥免疫细胞产生抗体，正面迎击病原菌。

虽说老乡见老乡，两眼"泪汪汪"，可外来病原菌在人体中遇到帮"理"不帮"亲"的细菌同胞，也只得无功而返、悻悻离开。

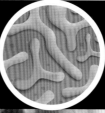

乳酸杆菌

特　点：能产生乳酸，具有调味和防腐的作用

用　途：出没地点同双歧杆菌，广泛地应用于泡菜腌制、酸奶制作、青贮饲料等加工工业

双歧杆菌

特　点：厌氧

用　途：在人和动物的消化道、阴道和口腔等环境中"打工"，一些双歧杆菌的菌株可应用于食品、医药和饲料等领域

细菌能帮助我们消化吸收食物吗?

　　是的。肠道细菌不仅能为我们抵御外来细菌侵害，还是膳食与人体健康的桥梁，与营养物质的吸收和代谢密切相关，被誉为人体重要的"微生物器官"。

　　肠道细菌会帮助我们消化食物中的植物纤维，转化为葡萄糖和短链脂肪酸；乳酸杆菌可以提高蛋白质、乳糖和钙等物质的消化吸收；肠道细菌还会为我们合成多种重要的维生素，调节人体生理代谢，如大肠杆菌能够合成少量维生素K。

肠道细菌可以用于判断故乡

不同国家的居民，其肠道细菌的组成也会有显著差别。我们通过检测一个人的肠道菌群，就能大致地知道他（她）来自哪里。

举例来说，80% 日本人的肠道菌群中，含有一种来自海洋的细菌。它可以分泌某种特殊的酶，用以消化裙带菜和紫菜中的紫菜聚糖（一种多糖）。或许这与日本人的饮食习惯有关。对比研究还发现，仅 2% ~3% 的欧洲人体内含有这种海洋细菌。

细菌有助于减肥吗？

肠道细菌既然能帮助食物消化吸收，甚至改变宿主的饮食习惯，当然也可以帮助减肥。不过放心，这可不是靠让你上吐下泻来减轻体重。

与正常体型的人相比，胖墩体内的脂肪细胞数量与质量都要更胜一筹。体质型肥胖者早在成年前，就比同龄人拥有更多的脂肪细胞。成年后，脂肪细胞的数量不会有太大变化。但随着暴饮暴食，脂肪细胞会将血液中富余的葡萄糖转化为脂肪，大量囤积在细胞内。脂肪细胞内储存的油脂越多，细胞的体积就越大，人就会变得更胖。

肠道细菌会产生各种短链脂肪酸，其中一种名为乙酸的短链脂肪酸有一项绝活：阻止葡萄糖转运到脂肪细胞内。这无疑是切断了脂肪细胞的供给，脂肪细胞缺少合成脂肪的原材料，自然不会"发福"，人也就不容易变胖了。

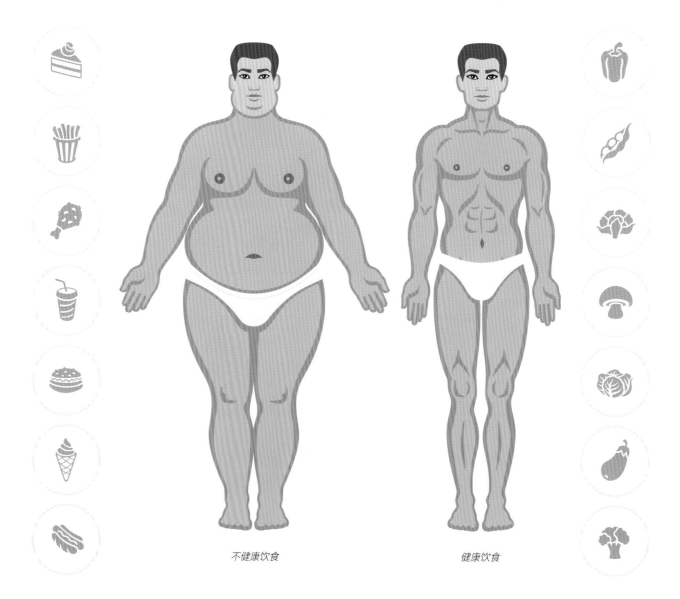

不健康饮食　　　　　　　健康饮食

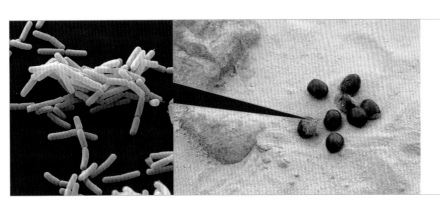

新鲜的骆驼粪便中可提取出枯草杆菌

益生菌能增强人体免疫力吗？

这是真的。我们体内的免疫细胞原本应该攻击入侵体内的病原菌，可争强好胜的它们有时候会把大肠当作"异己"而展开猛烈攻击，致使大肠发炎。这时，肠道细菌产生的丁酸就能通过调节免疫细胞，纠正这种失衡现象，使免疫反应恢复正常。

吃便便治病是真的吗？

"狗改不了吃屎"虽然是一句俗语，但自然界真有不少动物有吃粪便的习惯——并不是说它们"爱"吃便便。吃粪便对这些动物而言实乃不得已而为之。拿狗来举例，当狗狗某些微量元素缺乏、肠道吸收不良、胰腺功能不全或长有寄生虫的时候，就会吃点粪便——求助于粪便中的有益菌群，以缓解不适症状。

东晋时期，葛洪所写的《肘后备急方》中的"黄龙汤"就是一味将粪便搅匀后加水煮热的汤剂，服下黄龙汤可以治疗食物中毒和严重腹泻。在国外，也有医生用便便来治疗痢疾的记载。目前，科学家已将粪便中的益生菌成分提取制药，不用简单粗暴地吃便便啦！（**李家雪涂晴**）

细菌能赶尽杀绝吗？

现在，我们知道细菌亦敌亦友。对于友"菌"，我们自然是呵护有加，希望多多益善；对于敌"菌"，我们避犹不及，恨不得赶尽杀绝……先不说我们能不能把细菌斩草除根，赶尽杀绝这样的观念真的没问题吗？

益生菌一直是益生菌吗？

"肠道兴亡，细菌有责"，这是定居在我们肠道内的益生菌的信条。所谓益生菌，是指一类活的微生物，且达到一定数量时它们就能够对宿主健康带来益处。也就是说，益生菌并不是一种或几种特定的菌种，而是要看它们在人体中扮演的角色和所占据的形势。

人体肠道内的百万亿个细菌"帮派林立"，它们在人类漫长的演化过程中经历了残酷的自然选择存活至今，彼此之间已然形成了相生相克的平衡与默契：它们既不会让一家独大称霸肠道，也不会让"某派"萧条乃至灭门绝户。当某些平时看起来人畜无害的"菌"派不再安分守己，挑起江湖纷争，形成敌"菌"威胁时，人体就会出现肠胃疼痛、腹泻、便秘等不适症状。此时，我们可能需要补充一些益生菌，给体内的友"菌"施以援手。

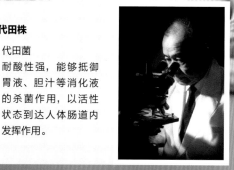

干酪乳酸菌代田株

别　名： 代田菌

用　途： 耐酸性强，能够抵御胃液、胆汁等消化液的杀菌作用，以活性状态到达人体肠道内发挥作用。

代田菌株是由日本科学家代田稔（1899—1982）在20世纪培养得到的

益生菌真像广告说的那么有用吗？

益生菌产品琳琅满目，在药品、保健品、食品中都会添加益生菌的成分。不过，你可别太迷信那些所谓的"有助减肥、促进肠胃蠕动、美容养颜、提高免疫力"等功效，益生菌并不能像药物那样上阵杀敌、指哪打哪，只是在维持肠道"秩序"。益生菌产品对人体疾病仅仅具有预防和辅助作用，具体治疗方案还是要遵医嘱，可不能完全指望益生菌哦！

人体细菌正在经历大灭绝？

肠道江湖，波谲云诡。随着我们生活方式的改变，现代人体内的许多微生物种群正在或已经逐步消失，一场"人体细菌大灭绝"正在上演。

亚诺玛米人组成了南美洲最大的原始部落，他们长期生活在亚马孙热带雨林。科研人员从亚诺玛米人的粪便样本中发现其肠道内的微生物种类竟比在高楼大厦中生活的城市人多了一倍！城市化进程在给我们带来便利的同时，也在悄无声息地改变着我们的肠道菌群，将一些在我们祖先身上安居乐业的细菌逼到绝境，带来的是肥胖、糖尿病、炎症性肠病等现代病高发。

南美洲的亚诺玛米人

为了深入研究亚诺玛米人体内的微生物宝藏，全球科研人员发起了微生物库项目，希望将微生物的火种完好保存，代代相传，达到人与菌的和谐共存。（**王书琴**）

菌的超能力

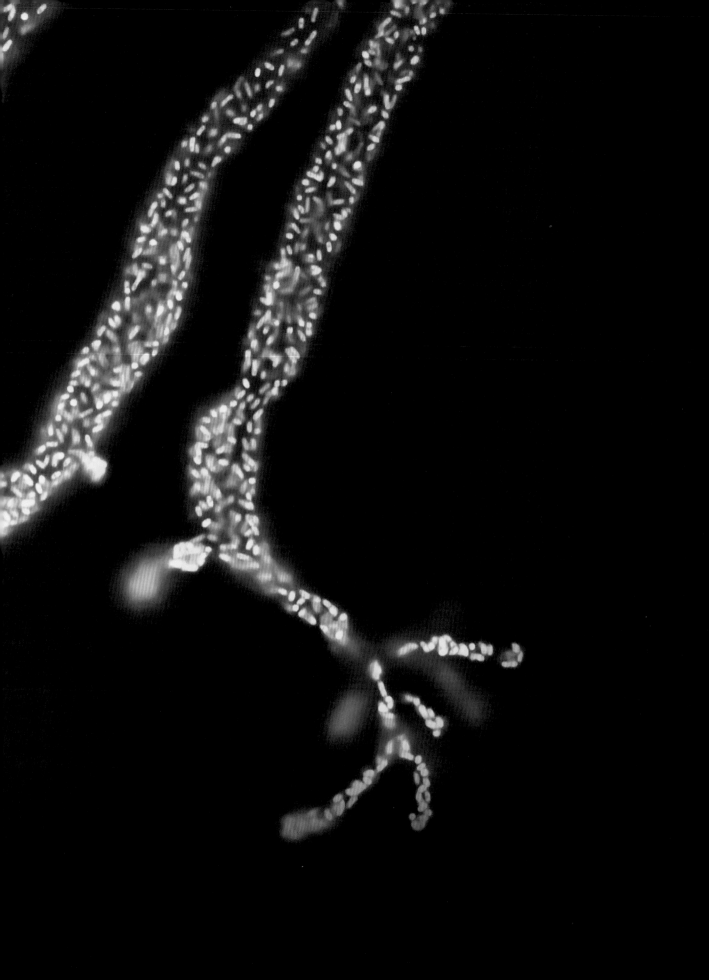

最老的细菌活了多少岁？

不同种类的细菌拥有各式各样的"超能力"：有的水火不侵，耐得住低温或高温；有的"金钟罩体"，耐得住强酸或强碱环境；还有的则耐得住"寂寞"，成了千古不化的"老寿星"。

2000年10月，美国宾夕法尼亚州西彻斯特大学的微生物学家在新墨西哥州卡尔斯巴德的地下岩洞中采集到一个古老盐结晶体标本。令他们惊讶的是，标本里竟然有"沉睡"了2.5亿年之久的古细菌。微生物学家在无菌环境下成功将这些细菌"唤醒"，并进行培养，将它们取名为"2-9-3菌"。时隔数亿年后，"2-9-3菌"又开始在实验室里繁衍后代了！

卡尔斯巴德岩洞

细菌"长寿"的秘诀是什么？

细菌和人类一样会经历出生、生长和死亡三个阶段，不同的是某些细菌在无法进行正常生命活动的极端环境条件下（如饥饿、干燥、极端低温等），能暂停生长或繁殖，将自己缩成芽孢形态，一睡经年。

当然，不是所有的细菌都会这项绝地逃生的技能，也并非所有变为"芽孢"的细菌都能睡上个2.5亿年。大多数细菌（如结核杆菌）在芽孢状态下的存活时间，仅几周到几个月不等。（徐悦）

卡尔斯巴德溶洞中的盐结晶体

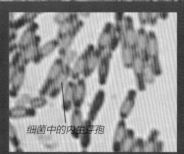

细菌中的内生芽孢

什么是芽孢？

芽孢是细菌的休眠体，对不良环境有较强的抵抗能力。在再次遇到适宜生存的环境条件之前，有芽孢的细菌新陈代谢极为缓慢，且不会进行分裂生殖。

强大的结核杆菌

结核杆菌在自然环境中具有很强的"抵抗力"，特别是对干燥的环境"抵抗力"尤为强，且耐冷、酸、碱等恶劣条件。

结核杆菌——引起结核病的"元凶"	
环境条件	存活时间
阳光下	2 ~ 7 小时
空气中	6 ~ 8 个月
干燥环境	数月至数年
阴暗湿冷的室内环境	数月
低温环境（–40℃）	数年

跨越半个世纪的实验

英国爱丁堡大学的微生物学家查尔斯·科克尔（Charles Cockel）在 2014 年开始了一项时间跨度为 500 年的实验。他和同事把处于休眠状态的枯草芽孢杆菌和某种蓝细菌分别装入 800 个玻璃安瓿瓶，想验证细菌的休眠体到底能活多久。

在起初的 25 年（2039 年前），他们每两年取样一次，"唤醒"安瓿瓶内的细菌，查看它们是否还健康；在之后的 475 年，则是每 25 年取样一次。整个实验将在 500 年后，也就是 2514 年 6 月 30 日结束——实验结果就让我们的子孙辈们见证吧！

（图源：英国爱丁堡大学）

　　无独有偶，另一位细菌界的"老寿星"高寿 **8600** 万岁，曾与恐龙为伴，"隐居"在北太平洋海底数十米深处的淤泥沉积物中，直到 *2012* 年才被发现。

细菌也会"放屁"吗?

细菌是生命,也有新陈代谢。科学家不仅发现细菌会"放屁",还发现不同细菌"屁"的成分各不相同!

细菌的"屁"有用吗?

有一类产甲烷菌,能利用家庭产生的厨余垃圾和污水处理厂产生的剩余污泥,"消化吸收"其中的有机酸、氢气和二氧化碳等物质,释放甲烷。甲烷是天然气、沼气的主要成分,是宝贵的能源。研究发现,产甲烷菌生成甲烷的途径不止一条,它们能利用的原料种类还很多。

细菌的"屁"有味道吗?

若说动物的屁闻起来臭,那是因为某些肠道细菌会释放出具有臭鸡蛋气味的硫化氢气体,并随着屁一起蹦出体外——如此看来,臭屁的"元凶"其实是我们体内的细菌,你大可不必再为放臭屁"背锅"啦。

海底生活着大量利用二氧化碳生成甲烷的产甲烷菌。迄今为止,科学家已经发现超过 *130* 种产甲烷菌,它们都属于古细菌家族的专性厌氧菌。

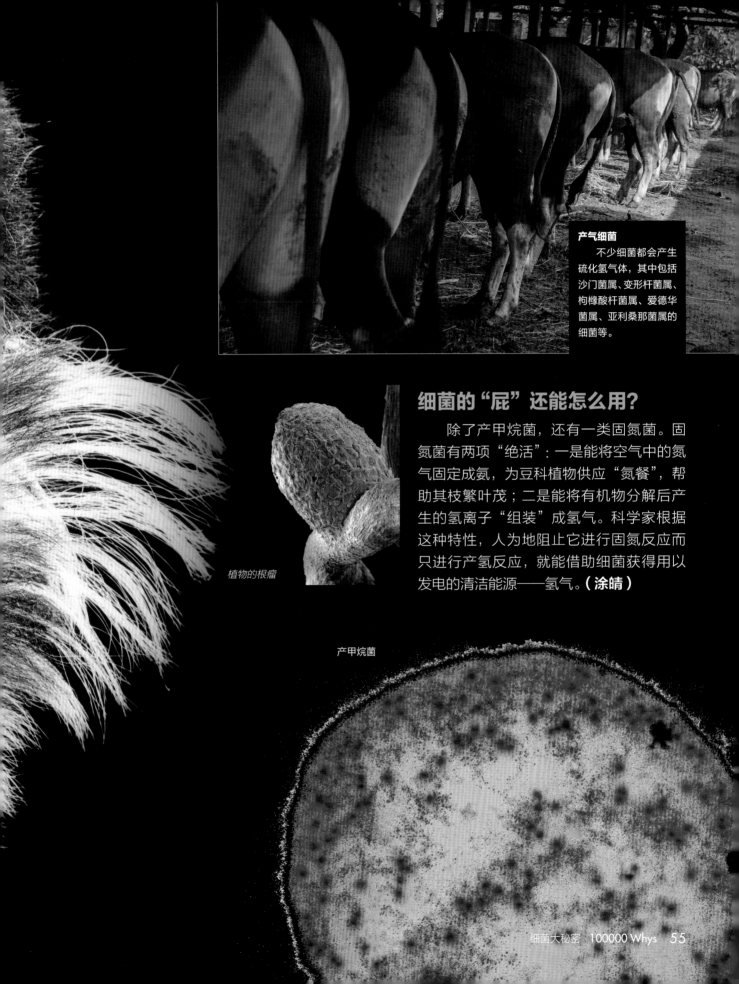

细菌的"屁"还能怎么用？

　　除了产甲烷菌，还有一类固氮菌。固氮菌有两项"绝活"：一是能将空气中的氮气固定成氨，为豆科植物供应"氮餐"，帮助其枝繁叶茂；二是能将有机物分解后产生的氢离子"组装"成氢气。科学家根据这种特性，人为地阻止它进行固氮反应而只进行产氢反应，就能借助细菌获得用以发电的清洁能源——氢气。（**涂晴**）

植物的根瘤

产甲烷菌

细菌有哪些"特异功能"？

细菌个个身怀绝技，倘若没有几把刷子，恐怕很难在地球上存续 30 多亿年……
那么，细菌究竟有哪些令人惊讶"特异功能"呢？

细菌界"万磁王"

在大西洋海底，有一类细菌会对地球的磁场做出特定反应，习惯沿着地球的磁力线运动，它们被称为趋磁细菌。

趋磁细菌可以大量吸收铁离子，并在体内合成磁性小颗粒——磁小体。这些小颗粒首尾相连凑到一块儿，形似一串带有磁性的珍珠项链，不仅赋予趋磁细菌指向南北的能力，还能帮助它们吸附在海底的淤泥之中，避免接触氧气——趋磁细菌都是厌氧细菌，可讨厌氧气嘞！

利用趋磁细菌的特性，科学家制造出趋磁细菌机器人，可用于肿瘤的靶向治疗。

铁在普通细菌中仅占其干重的约 0.025%，而在趋磁细菌中，要占干重的约 3.8%。

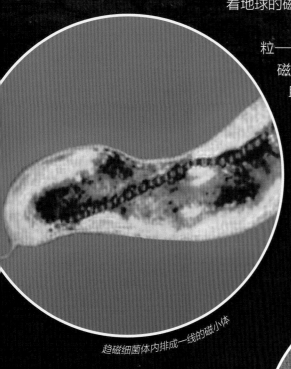

趋磁细菌体内排成一线的磁小体

细菌"闪电侠"

有些细菌像一台发电机，具备对外发电的绝活。这些发电细菌有个共同的特点：都是电子的"搬运工"，通过转移电荷形成电流。但它们搬运电荷的方式却各有不同。

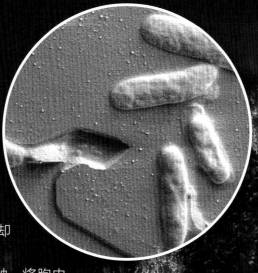

地杆菌属的细菌通过直接接触，将胞内电子转移到胞外。奥奈达湖希瓦氏菌（从美国纽约奥奈达湖分离得到的一种细菌）会吐出一根纳米级的蛋白质细丝，细丝类似导线，将电子从有机物转移到金属类化合物中，其间产生的电流甚至能够点亮 LED 灯！

最黏的细菌有多黏？

新月柄杆菌是"天然胶水"的制造者。生活在水生环境中的新月柄杆菌为了防止自己被水流冲走，练就出将糖分子"熬制"成强力胶的技能。下水道管中、洗漱台或浴缸壁上那层黏糊糊的东西正是新月柄杆菌及其黏液。

新月柄杆菌释放的黏液究竟有多强大？研究表明，其黏附力高达每平方毫米70牛，相当于人类发明的强力胶黏附力的3～4倍。打个比方，这就相当于差不多巴掌大小的新月柄杆菌菌落释放的黏液就可将一头约5吨重的大象"悬挂"起来！未来，新月柄杆菌释放的生物胶水可以广泛应用在医疗、军事、建筑和制造等领域。

有能发光的细菌吗？

有些细菌会通过化学反应，将化学能转化为光能，使自身发光。这类细菌被称为发光细菌，如费氏弧菌、哈维氏弧菌、鳆发光杆菌等。在海洋中生活的发光细菌通常与特定的生物（如鱼类或头足类）形成微妙的共生关系。它们聚集在宿主的发光器官内，帮助宿主求偶、诱捕猎物或吓退敌害。

发光细菌的光亮强度与环境中的有毒物质浓度有关，它们也因此成了人类监测环境污染的得力助手。**（王文）**

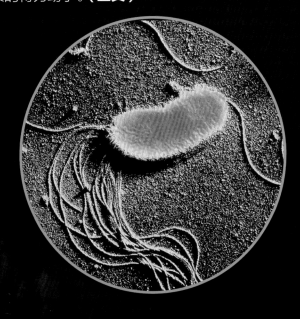

菌类有"智慧"吗?

面对抗生素的攻击,细菌能演化出一段"耐药基因",让自己产生耐药性;病毒打小就懂得"借鸡生蛋"的道理,让其他细胞成为"代孕"工厂……这些事实不禁让人疑惑,难道细菌甚至病毒等微生物也有"智慧"?

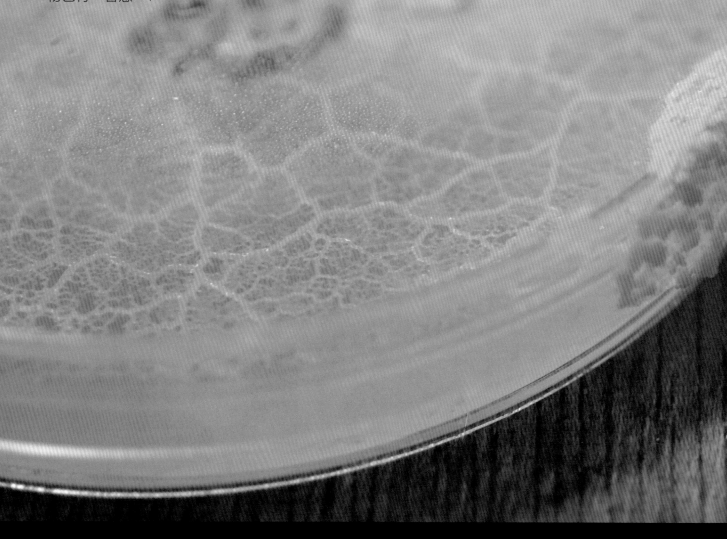

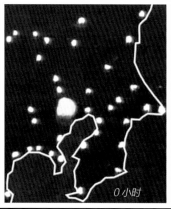
0 小时

8 小时

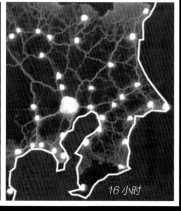
16 小时

向黏菌学习

日本北海道大学的淳泰罗和同事早在 2010 年就发现,黏菌为觅食而形成的网络几乎可媲美人类工程师设计的东京铁路网。也许不久的将来,它们真的能帮助改进计算机和移动通信网络等技术系统。

简单的生物就一定"头脑"简单吗？

　　1973 年，美国得克萨斯州一户人家的后院发现了一种叫做"多头绒泡菌"的黏菌（介于动物和真菌之间的真核微生物），多年后科学家发现它具有强大的计算和移动能力：能"聪明"地找到不规则分布的食物来源，并且所经过的觅食路径最短——要知道，最短路径算法可是离散数学中的经典问题，却被多头绒泡菌自然而然却轻而易举地解决了！科学家还注意到，该黏菌会避免重走来时的路。

病毒也有"智慧"吗？

　　如今，科学家发现越来越多的病毒有着"拿来主义"的聪明才智。

　　越简单的生物，越容易发生变异并成功演化。病毒甚至会针对性地"剽窃"宿主细胞的某些技能，将这些技能的基因序列"借"来一用。2017 年，病毒界新发现的巨病毒"Klosneuvirus"基因组甚至出现了蛋白质合成过程中的一些重要编码基因，这暗示着巨病毒在蛋白合成的过程中，几乎可以做到自产自销。

　　还有一种巨型噬菌体的基因组长度是普通噬菌体的 4 倍。当它们入侵细菌后，不仅会"奴役"细菌为自己进行复制、繁殖，还会指挥细菌建立抵御其他病毒的"免疫"防线，让细菌只供自己"使唤"。这样的生存"智慧"着实让人刮目相看！（涂晴）

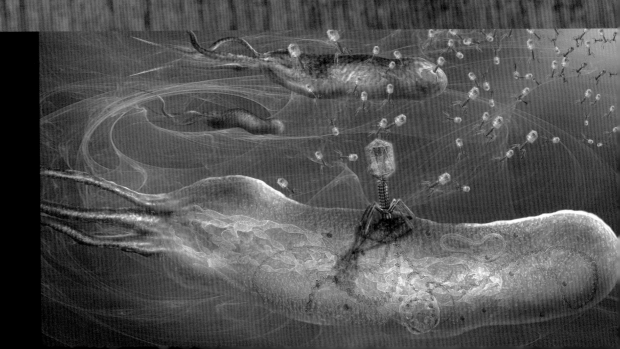

能和细菌 "聊天" 吗?

动画片《喜羊羊与灰太狼之奇趣外星客》中出现了几个新的反派角色：细菌大王、变形杆菌、蘑菇菌和古细菌——有些还真是现实世界中存在的细菌。那么，细菌真能和动画片里的角色一样和人 "聊天" 吗?

细菌有自己的语言吗?

语言是交流的基础，细菌也有自己的 "语言"，而且不同的细菌的交流信号（信息化学物质）还各不相同。

科学家研究细菌分泌的化学物质后发现，细菌普遍会讲 "世界语"，分泌一种彼此都能够识别的化学分子——这使得不同种类的细菌沟通毫无障碍。有时，为了防止自己家族的秘密被其他家族的细菌窃取，细菌也会说 "悄悄话"，分泌只有同类才能认得的化学分子。

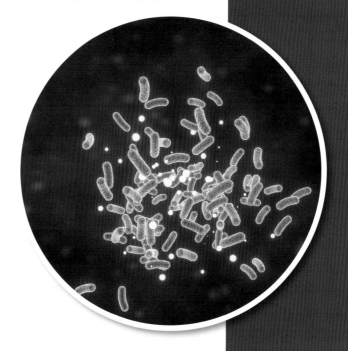

细菌之间如何交流?

这听起来似乎有些天方夜谭，但细菌真的可以互相交流。

那么问题来了，细菌是如何 "听" 懂其他细菌说的话呢？原来，在细菌体表长有一个个 "耳朵"（受体）。"耳朵" 的形态略有差异，有些是专门用来听自己人说的悄悄话的，有些只听得懂 "世界语"。在受体的帮助下，细菌就能接收到其他细菌发出的讯息。

不过，细菌很少单独交流。单个细菌释放出的极微量的化学物质就好比一个人在轻声细语，旁人很难听到。往往是很多细菌凑到一块、说同一句话时，它们才能 "听" 到对方的心声——这一现象的发现源自对费氏弧菌的研究，科学家称之称为聚量感应。

发光的费氏弧菌群

费氏弧菌是一种会发光的海洋细菌，存在于发光章鱼等海洋生物体内。研究发现，费氏弧菌的溶液经稀释后进行悬浮培养时，独立存在的细菌并不发光；而一旦把它们聚集到一定数量时，溶液里所有的费氏弧菌几乎会同时发光，似乎在菌群中有位领导者发出了号令。

细菌表面的受体就像一个个小耳朵，用来接收微量化学物质

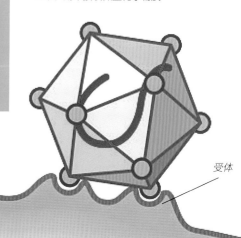

受体

人类能和细菌"聊天"吗?

人们常说的"聊天"是一种基于同一种语言的信息沟通行为,但目前还无人能读懂细菌的"语言"或让细菌听懂我们的语言。与细菌的信息交流,人类还处于"干扰"阶段,即扰乱细菌的"语言",让它们互相听不懂;或干扰细菌的"耳朵",使它们听不见。

致病菌通过释放细菌毒素使人生病,但它们释放毒素的行为也是有聚量效应的。侵入人体的少量致病菌并不会马上分泌毒素,而是随着复制增长,致病菌的数量越来越庞大,它们才同时高喊"进攻",集中火力、一鼓作气将宿主拿下……魔高一尺,道高一丈,科学家也想了个对策:偷换细菌用来抑制人体免疫反应的信号,让细菌喊出的不是"进攻"而是"休战",使致病菌自乱阵脚,偃旗息鼓,不战自败。

随着科技的发展和人类对细菌通信研究的不断深入,也许未来我们真的能让细菌指哪打哪,甚至你来我往地交换信息呢!(李雪纯)

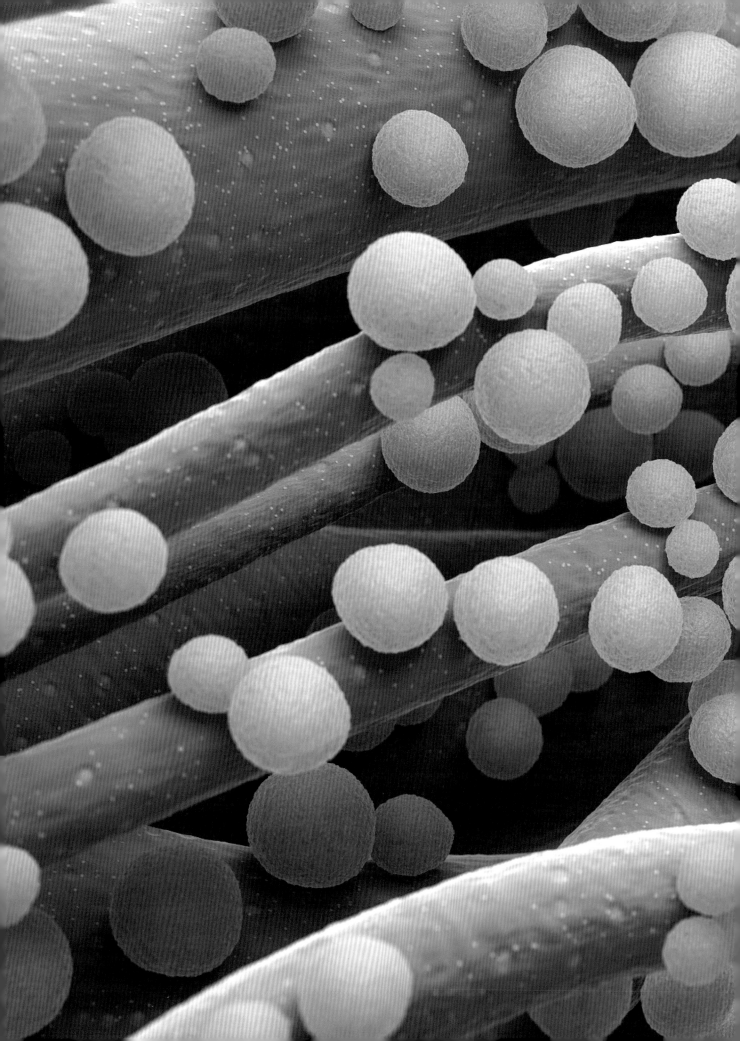

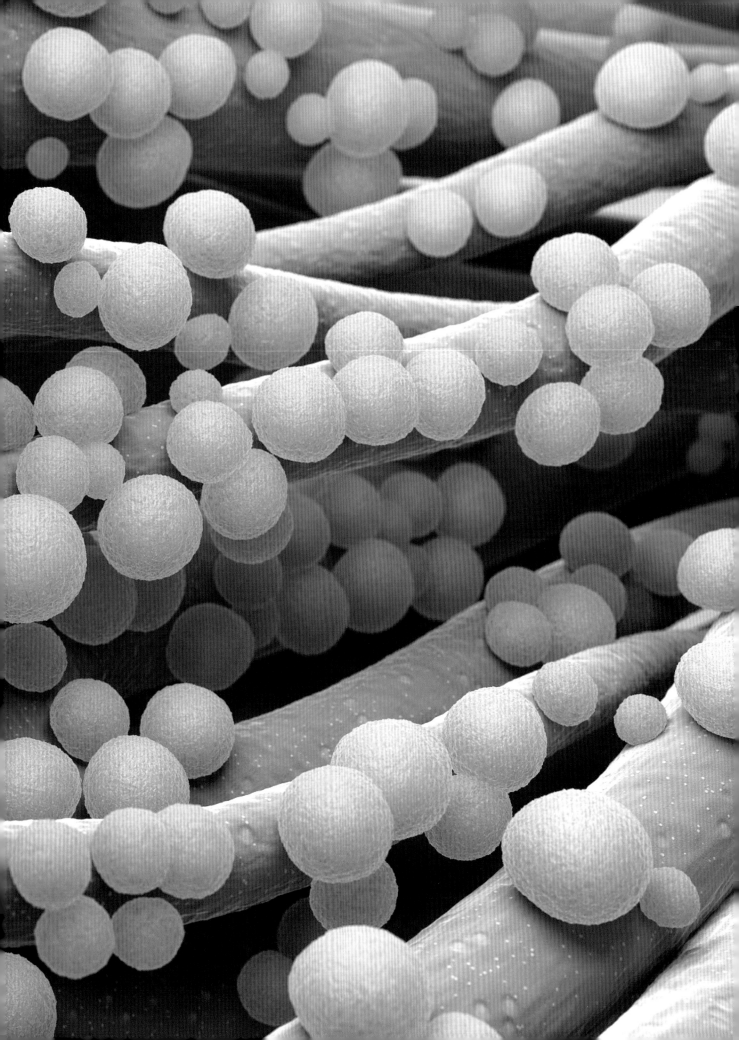

图书在版编目（CIP）数据

细菌大秘密 / 科学明航会著. —上海：少年儿童出版社，2023.1
（十万个为什么.少年科学馆）
ISBN 978-7-5324-8335-8

Ⅰ.①细… Ⅱ.①科… Ⅲ.①细菌—青少年读物 Ⅳ.① Q939.1-49

中国版本图书馆 CIP 数据核字（2022）第 225151 号

十万个为什么·少年科学馆

细菌大秘密

科学明航会　著
翟苑祯　绘图
施喆菁　整体设计
施喆菁　装帧

出版人　冯　杰
策划编辑　王　音
责任编辑　季文惠　美术编辑　施喆菁
责任校对　黄　蔚　技术编辑　谢立凡

出版发行　上海少年儿童出版社有限公司
地址　上海市闵行区号景路 159 弄 B 座 5-6 层　邮编　201101
印刷　上海景条印刷有限公司
开本 889×1194　1/16　印张 4.5
2023 年 1 月第 1 版　2025 年 3 月第 4 次印刷
ISBN 978-7-5324-8335-8 / N·1229
定价 32.00 元